いちばんやさしい PowerPoint VBAの教本

人気講師が教える
資料作りに役立つ
パワポマクロの基本

インプレス

著者プロフィール

Profile

伊藤 潔人 （いとう きよと）

業務システム開発・ネットワーク管理を経験後、IT講師に。ブログ「インストラクターのネタ帳」を2003年から運営。2008年より米国マイクロソフト社が認定するMicrosoft MVPアワードを受賞。最近はレガシー技術ながら、社会人向けプログラミング学習の入り口として有効なVBAに注力。

⊙ インストラクターのネタ帳：https://www.relief.jp

はじめに

Microsoft Officeでマクロといえば、Excelのマクロ機能がよく知られています。書店には、たくさんのExcel VBA関連書籍が並んでいます。ExcelだけでなくWordでもマクロを作れることを、ご存知の方もいるでしょう。実はExcelやWordの兄弟といえるPowerPointでも、マクロを作れます（PowerPointでのマクロの使い道をイメージできないという方は、本書Lesson 01をご覧ください）。

お手に取っていただき、ありがとうございます。本書は、VBAのIf文やループ処理、変数の基本的な概念についてはご存知の、Excel VBA経験者を主な対象とした、PowerPointマクロの入門書です。ただサンプルコードを書き写すのではなく、応用できる形で基本から身に付けていただくことを目指した教本です。ExcelやWordと違って、現在のPowerPointにはマクロ記録機能がありません。そのためPowerPointマクロを自分で作るには、PowerPointのオブジェクト構造について、基礎から順に積み上げるように理解する必要があります。そのお手伝いをさせていただくのが本書の役割です。

PowerPointのオブジェクト構造を理解するための安易な近道はないと、私は考えています。オブジェクトブラウザーというツールを使いながら、丹念な読解を繰り返す必要があります。はじめのうちは、少し面倒に感じるかもしれませんが、オブジェクトブラウザーを確認し、イメージすることの積み重ねによって、PowerPoint VBAの理解は少しずつ深まっていきます。そのようなわかっていく体験は、とても楽しいはずです。Excel VBAを学び直したくなる方がいるかもしれません。

執筆にあたっては、多くの方のお世話になりました。私が主催するセミナーを受講いただいたみなさんからは、VBA経験者の抱える課題を認識させていただきました。リブロワークスの大津雄一郎さんには、そのような課題と解決方法をより明確にしていただきました。インプレスの柳沼俊宏さんに、類似する書籍のない企画を面白がっていただいたことによって、（随分と時間がかかってしまいましたが）書き上げられたと思っています。この場をお借りしてみなさんにお礼申し上げます。

本書をキッカケにして、PowerPoint VBAにチャレンジしてみようと思い実践する方が、少しでも増えれば幸いです。

日々学習し続ける様子を見せてくれる、妻と3歳の息子に感謝しつつ。

2019年12月 伊藤潔人

「いちばんやさしい
PowerPoint VBAの教本」
の読み方

「いちばんやさしいPowerPoint VBAの教本」は、はじめての人でも迷わないように、わかりやすい説明と大きな画面でPowerPoint VBAを使ったマクロの書き方を解説しています。

「何のためにやるのか」
がわかる！

薄く色の付いたページでは、プログラムを書く際に必要な考え方を解説しています。実際のコーディングに入る前に、意味をしっかり理解してから取り組めます。

タイトル
レッスンの目的をわかりやすくまとめています。

レッスンのポイント
このレッスンを読むとどうなるのか、何に役立つのかを解説しています。

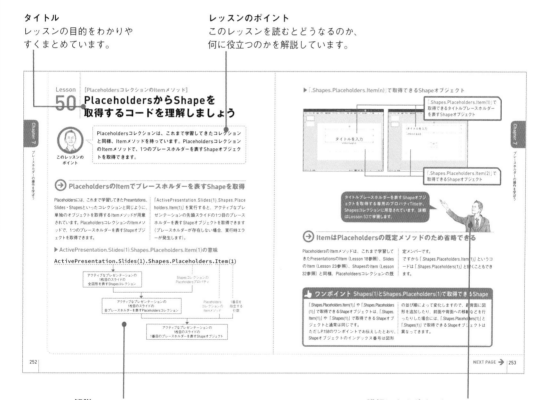

解説
Webサイトを作る際の大事な考え方を、画面や図解をまじえて丁寧に解説しています。

講師によるポイント
特に重要なポイントでは、講師が登場して確認・念押しします。

「どうやってやるのか」
がわかる！

コーディングの実践パートでは、1つ1つのステップを丁寧に解説しています。途中で迷いそうなところは、Pointで補足説明があるのでつまずきません。

手順
番号順に入力をしていきます。入力時のポイントは赤い線で示しています。また、一部のみ入力するときは赤字で示します。

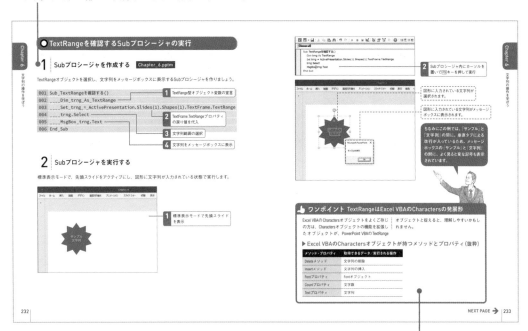

ワンポイント
レッスンに関連する知識や知っておくと役立つ知識を、コラムで解説しています。

いちばん やさしい
PowerPoint
VBAの教本

人気講師が教える
資料作りに役立つパワポマクロの基本

Contents
目次

Chapter 1 学習を始めるにあたって
page 011

Chapter **6** 文字列の操作を学ぼう
page
221

Chapter

1

学習を始めるにあたって

PowerPoint VBAの学習を始めるにあたり、本書でどのようなPowerPointマクロを目標として学習するのかと、Excel VBAとの違いを知っておきましょう。

Lesson
01
［PowerPointマクロの可能性］
PowerPointマクロで何ができるのか
イメージをつかみましょう

このレッスンの
ポイント

Excelと同じくPowerPointでも、VBAでマクロを作れますが、PowerPointマクロの使い道がわからない、という方も少なくないようです。これから本書で、どのようなPowerPointマクロを作りながら学習を進めるのか、イメージをつかんでください。

→ アプケーションに作業してもらう仕組み・手順書がマクロ

PowerPointマクロの学習を始めるにあたって、そもそも「マクロ」とは何なのかを確認しておきましょう。仕事でExcelやPowerPointなどのアプリケーションを使っていると、さまざまな繰り返し作業が発生します。例えば、月に1回だけ繰り返される作業があるでしょう。毎日行われるルーチンワークもあるはずです。1つの書類を作成するために、コピー&ペーストを繰り返すこともあるでしょう。さらには、編集する対象の選択操作も（かなり細かなレベル

の）、繰り返し作業の一種といえます。

こういった繰り返し行わなければならない作業を、自動的に正確に行う「仕組み」がマクロです。また、自動的に行って欲しい作業手順を記述した、アプリケーションに作業してもらうための「作業手順書」をマクロと呼ぶこともあります。マクロを作っておけばアプリケーションは指示されているとおりの作業を、手順書どおりに正確に行ってくれます。

▶ さまざまなレベルの繰り返し作業

- ・月次処理
- ・日次処理
- ・コピー&ペーストの繰り返し
- ・選択の繰り返し

人間ならば面倒に感じたり、操作ミスをしてしまうような繰り返し作業でも、マクロを作っておけば自動的に正確に行ってくれるわけです。

→ VBAはOfficeなどでマクロを作るためのプログラミング言語

同時に見かけることの多い「マクロ」という単語と「VBA」という単語の違いについて確認しておきましょう。

「マクロ」とはすでに述べたとおり、アプリケーションを自動的に正確に動かす仕組みや、そのための作業手順書です。Excelマクロが有名ですが、PowerPointでもマクロを利用できます。ExcelやPowerPointといったMicrosoft以外のアプリケーションでも、マクロ機能を持っているものがあります。一方の「VBA」は「Visual Basic for Applications」の略で、ExcelやPowerPointなど主にMicrosoft Officeで、マクロを作るときに使うプログラミング言語の

名前です。ExcelでもPowerPointでも、プログラミング言語VBAを使ってマクロを作成します。自動的に作業してもらうアプリケーションが、ExcelなのかPowerPointなのかだけが違います。同じプログラミング言語VBAで、Microsoft Officeを自動的に動かせるようにしたのは、1990年代Microsoftの見事な戦略です。

自動的に作業してもらう対象がExcelの場合はExcel VBA、PowerPointの場合はPowerPoint VBAと呼ばれていますが、作業手順書を記述するためのプログラミング言語VBAは同じです。

▶ PowerPointマクロとExcelマクロ

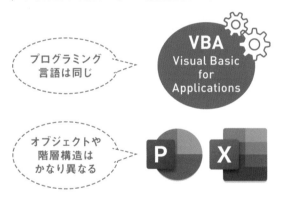

Excel VBAの経験があれば、オブジェクトと階層構造を理解することでPowerPointマクロを作れるようになります。

→ PowerPointマクロを活用できそうな繰り返し作業

PowerPointでプレゼンテーション資料を作成する際に、どのような作業が繰り返されるか思い出してみてください。下図のような作業は、1〜2回ならば苦にならなくとも、何度も繰り返さなければならないことをイメージすると、面倒臭そうに感じるのではないでしょうか。

これらの作業は、PowerPointマクロ（またはExcelマクロ）を作れば、正確に自動的に作業できる可能性があります。この中のいくつかに関連した、次ページで紹介するようなPowerPointマクロを作りながら、PowerPoint VBAの基本を学習していきます。

▶ こんな作業がマクロで処理できたら……

図形の微妙な
位置・サイズの調整

複数の図形の中から、
ドラッグ操作では選択
できないような特定図
形だけを選択

CSV・TSVファイルなど
表形式のテキストファイルから
報告資料を作成するための
コピー&ペースト

複数個所に存在する製品名や
会社名など、特定文字列のみを
目立つようにする書式設定

Excelなどで作成した複数グラフの、
プレゼンテーション資料への
コピー&ペースト

プレゼンテーション資料が
存在しているときに、
それを流用してExcelなど
で別資料を作成する際の
コピー&ペースト

なお、ExcelとPowerPointの両方が関連するようなマクロは、Excel VBAを知っていてもPowerPointのオブジェクトと階層構造を理解していなければ、作成することはできません。

➔ 画像挿入を繰り返すマクロ

Excelで作成した複数のグラフを、プレゼンテーション資料にコピー&ペーストする作業を楽に行いたいというのは、ExcelとPowerPointの自動化に関わる代表的な要望の1つです。ExcelのグラフをPowerPointの資料に直接コピー&ペーストしようとすると、マクロ作成の難易度は上がります。そこで

本書ではこの課題を分解し、グラフを画像として保存するExcelマクロは存在すると仮定して、出力された画像としてのグラフをプレゼンテーション資料へ挿入するだけの処理を、自動的に繰り返せるようにします。
このPowerPointマクロをLesson 40で作成します。

指定フォルダーに存在する画像ファイルを、スライドへ挿入

➔ プレゼンテーションから文字列を出力するマクロ

すでに存在しているプレゼンテーション資料から、より詳細な資料を別途作成する作業を楽に行いたいという要望もよく耳にします。
汎用的に利用できる、プレゼンテーション上に存在する文字列を、VBEのイミディエイトウィンドウに

出力するマクロをLesson 54で作成します。さらにPowerPointとExcelを連携させる一例として、プレゼンテーション上の文字列をExcelのワークシートに出力するPowerPointマクロをLesson 55で作成します。

プレゼンテーションファイル内の文字列をExcelのワークシートへ出力

➔ テキストファイルから表を生成するマクロ

CSV・TSVファイルなど表形式のテキストファイルから、報告資料を作成するためのコピー&ペーストの繰り返しも面倒な作業です。

TSV形式のファイルからPowerPointの表を自動的に作るマクロを、本書の最後Lesson 58で作成します。

TSV形式のテキストファイルから、PowerPointの表を生成

Lesson

02

[Excel VBAより難しい理由]

Excel VBAより難しい理由を
知っておきましょう

このレッスンの
ポイント

PowerPoint VBAの利用者は、Excel VBAと比べると少ないのが現実です。PowerPoint VBAのほうが難しい部分があるから、というのが理由の1つです。Excel VBAに比べると、なぜPowerPoint VBAのほうが難しいのか知っておきましょう。

➔ PowerPointではマクロ記録ができない

Excelには、行った操作をExcel VBAのコードにしてくれる、マクロ記録機能があります。マクロ記録を行うことで、熟知していないオブジェクトについても、調べながらコードを書くことができます。

これに対しバージョン2007以降のPowerPointには、

マクロ記録機能が存在しません。このため最低限の主要なオブジェクトと階層構造について理解しない限り、PowerPoint VBAのコードを書くことができません。

▶ Excelの[開発]タブには[マクロの記録]ボタンがある

▶ PowerPointの[開発]タブには[マクロの記録]ボタンがない

→ PowerPointはオブジェクトの階層構造が深い

VBAを使ってExcelやPowerPointなどのアプリケーションを操作するには、オブジェクトの階層構造を理解していなければなりません。

Excel VBAでアクティブでないブックの、いずれかのワークシートのセルに入力されているデータを操作するには、「Workbook － Worksheet － Range － Value」といった階層構造を理解している必要があります。

このようなExcelの階層構造は、普段Excelを操作するときに意識する構造と同じでそれほど複雑ではないため、何度かコードを入力するうちに何となく覚

えてしまうことも可能でしょう。

これに対しPowerPoint VBAの場合、いずれかのスライドの図形に入力されている文字列を操作するには、「Presentation － Slide － Shape － TextFrame － TextRange － Text」といった階層を意識しなければなりません。

Excelと比べて階層が深いため、強く意識することなく、この階層構造が自然に覚えられるという方は、決して多くないはずです。

▶ オブジェクトの階層構造の一例

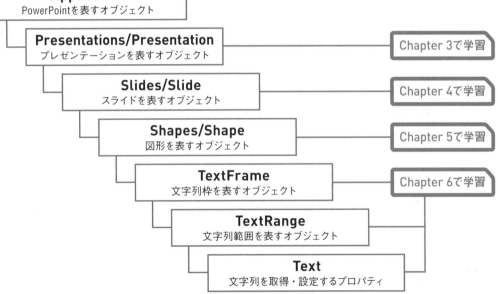

Application
PowerPointを表すオブジェクト

Presentations/Presentation
プレゼンテーションを表すオブジェクト — Chapter 3で学習

Slides/Slide
スライドを表すオブジェクト — Chapter 4で学習

Shapes/Shape
図形を表すオブジェクト — Chapter 5で学習

TextFrame
文字列枠を表すオブジェクト — Chapter 6で学習

TextRange
文字列範囲を表すオブジェクト

Text
文字列を取得・設定するプロパティ

PowerPoint VBAの主要なオブジェクトと階層構造を理解し、応用できる力を身につけるお手伝いをするのが、本書の役割です。

PowerPointはグローバルメンバーのプロパティが少ない

お伝えしたとおり、Excel VBAでもPowerPoint VBAでも、オブジェクトを取得・設定するコードは、階層をたどって書くのが基本です。

しかしよく使われる一部のプロパティは、上位の階層からたどらなくても書けるようになっています。

このようなプロパティを「グローバルメンバーのプロパティ」「グローバルなプロパティ」といい、VBEに付属するツール「オブジェクトブラウザー」で確認できます。

Excel VBAの場合、セルを操作する際によく使われるRangeやCellsなどのプロパティがグローバルメンバ

ーであるため、アクティブブックのアクティブシートのセルを操作する場合に、上位の階層「Application － Workbook － Worksheet」をたどらず、いきなり「Range("A1")」「Cells(1, 1)」と書き始めることができます。

これに対しPowerPoint VBAの場合、グローバルなプロパティが少ないため、オブジェクトを取得・設定するコードを、上位の階層からたどって書かなければならないケースが、Excel VBAより圧倒的に多くなっています。

▶ Excelのグローバルなプロパティ

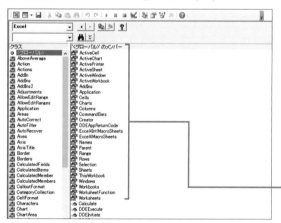

グローバルメンバーが少ないこと自体は、コードの書き方が限定されるため、メリットと捉えることもできます。

たくさんのグローバルメンバーのプロパティがあり、階層をたどらずにコードを書き始められるケースが多い

▶ PowerPointのグローバルなプロパティ

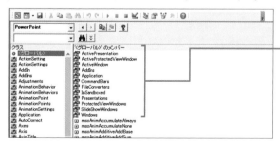

Excelと比べるとグローバルメンバーのプロパティが少ないため、深い階層をたどらなければならないケースが多い

Lesson 03 ［Excel VBAよりやさしい点］
Excel VBAよりやさしい点も知っておきましょう

**このレッスンの
ポイント**

前のLessonで、PowerPoint VBAのほうがExcel VBAより難しい理由をお伝えしました。逆にExcel VBAよりも、やさしいといえる部分もあります。PowerPointマクロ・PowerPoint VBAの、どのようなところがやさしいのかを知っておきましょう。

⊖ マクロの実行結果をPowerPointで元に戻せる

Excelの場合、マクロで行った操作をExcel上の操作で元に戻すことはできません。これに対してPowerPointでは、マクロで行った操作をPowerPoint上の操作で元に戻すことができます。

マクロを実行した結果を簡単に元に戻せるという気楽さは、PowerPointでマクロを作るハードルを下げてくれます。

▶ マクロの実行結果をPowerPointの Ctrl ＋ Z キーで元に戻せる

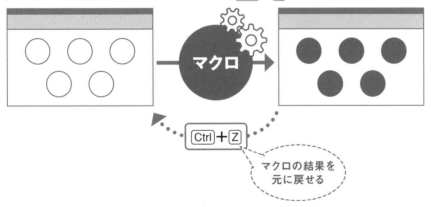

ちなみにWordの場合も、マクロの実行結果を
Word上で元に戻すことができます。

NEXT PAGE → 019

→ コーディング時に自動メンバー表示されるケースが多い

プロパティやメソッドのスペルや階層構造に自信がない場合に、VBEの自動メンバー表示機能はありがたい機能です。

しかしExcel VBAの場合、この機能が使えないケースが少なくありません。例えば「ActiveSheet.」に続くコードでは自動メンバー表示が行われません。こ

れはExcel VBAでは戻り値が、Variant型や総称Object型になっているプロパティが少なくないことに起因します。

これに対しPowerPoint VBAでは、自動メンバー表示されないケースに遭遇することがExcel VBAほど多くはありません。

▶ Excel VBAでは自動メンバー表示されないことがよくある

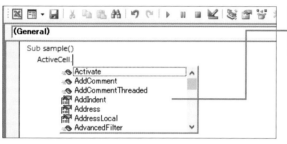

「ActiveCell.」と入力した場合は自動メンバー表示される

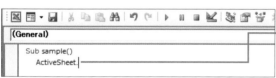

「ActiveSheet.」と入力した場合は自動メンバー表示されない

→ [Shift]+[F2]キーでオブジェクトブラウザーを表示できるケースが多い

VBEのコードウィンドウでショートカットキー[Shift]+[F2]キーを押すと、基本的にはオブジェクトブラウザーで該当項目が表示されます。

ただしExcel VBAの場合には、オブジェクトブラウザーで非表示となっている項目が多いため、[Shift]+[F2]キーでオブジェクトブラウザーを表示できないケ

ースがかなりあります。

これに対しPowerPoint VBAの場合は、[Shift]+[F2]キーで表示できないケースはExcelほど多くはありません。[Shift]+[F2]キーを押してオブジェクトブラウザーを表示して、プロパティやメソッドなどの定義を簡単に調べられます。

コードウィンドウからショートカットキー[Shift]+[F2]キーでオブジェクトブラウザーを表示する実習は、Lesson 33以降で行います。

→ ローカルウィンドウで確認できるプロパティが多い

オブジェクト変数をローカルウィンドウで確認する場合、引数が不要なプロパティの戻り値と、コレクションのItemメソッド（またはItemプロパティ）で取得できる単独のオブジェクトが表示されます。Excel VBAの場合、プロパティであっても引数を必要とするものがかなり存在し、これらはローカルウィンドウで確認できません。

これに対しPowerPoint VBAの場合には、引数を指定しなければならないプロパティが少ないため、未知のオブジェクトについて理解する際に、プロパティの戻り値をオブジェクト変数に代入し、ローカルウィンドウで調べるという手法を使えます。

▶ ローカルウィンドウでオブジェクト変数の中身をかなり確認できる

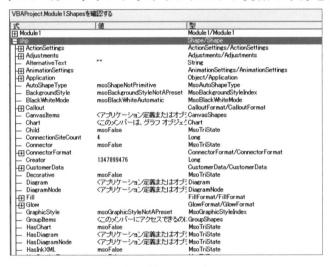

この特徴のおかげでオブジェクトについて調べやすくなっています。

👍 ワンポイント　オブジェクト変数のデータ確認にはローカルウィンドウがおすすめ

VBEには、変数の中身を確認するために使える機能がいくつか存在します。その中で、コードに手を加えなくても使えるローカルウィンドウを本書では多用します。

デバッグツールの1つ、イミディエイトウィンドウで確認できるのは、文字列に変換可能なデータだけで、オブジェクトをそのまま見ることはできません。

これに対しローカルウィンドウは、ステップ実行中にオブジェクト変数の中身を見ることができます。

ウォッチウィンドウでもオブジェクトのデータを確認できますが、式を自分で登録しなければならないため、未知のオブジェクトの調査には向いていません。

ローカルウィンドウで、オブジェクト変数の中身を確認する実習は、Lesson 14以降で何度も行います。

Lesson

04

[VBAを利用する準備]

PowerPointでVBAを利用する準備をしましょう

このレッスンの
ポイント

PowerPoint VBAの学習を始める前に、マクロに関連したコマンドが集められている[開発]タブを表示しましょう。VBAを利用すると、パソコンに何らかの悪影響を与える可能性もありますので、セキュリティ(安全性)の設定も確認します。

→ [開発]タブの表示

Excelと同様に初期状態のPowerPointでも、マクロに関連するコマンドが集められている[開発]タブは、リボンに表示されていません。マクロの学習を始める前に、[開発]タブを表示しましょう。

[PowerPointのオプション]ダイアログボックスの[リボンのユーザー設定]の右側に表示されている一覧で、[開発]にチェックマークを付けると[開発]タブが表示されます。

▶ [PowerPointのオプション]ダイアログボックスから[開発]タブを表示

実際の操作は、このあと実習ページでやってみましょう。

→ セキュリティ設定の確認

[開発] タブを表示したら、PowerPointのセキュリティ設定の状態を確認しましょう。

セキュリティ設定は、Excelと同様に [開発] タブの [マクロのセキュリティ] ボタンから表示できる、[セキュリティセンター] ダイアログボックスで行います。[セキュリティセンター] ダイアログボックスの [マクロの設定] の [警告を表示してすべてのマクロを無効にする] オプションが選択されていることを確認しましょう。

初期状態のPowerPointではこの設定になっているはずですが、もしも他のオプションが選択されていた場合は [警告を表示してすべてのマクロを無効にする] オプションを選択してください。

▶ [セキュリティセンター]ダイアログボックス

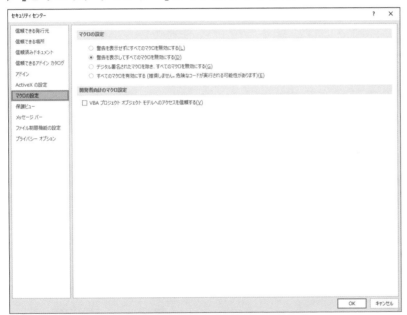

[開発]タブの表示操作やセキュリティ設定の確認は、Excelでマクロを利用する場合と同じです。

●[開発]タブを表示する

1 [PowerPointのオプション]ダイアログボックスを開く

マクロ関連のコマンドが集められた[開発]タブを
表示するために、[PowerPointのオプション]ダイア

ログボックスを表示しましょう❶。

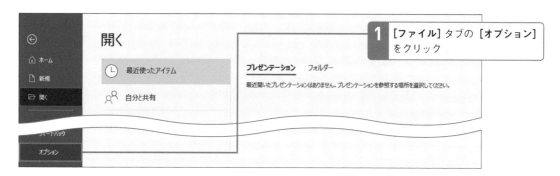

> **1** [ファイル]タブの[オプション]をクリック

2 [開発]タブを表示する

[PowerPointのオプション]ダイアログボックスの[リ
ボンのユーザー設定]で設定を変更して❶❷❸、

[開発]タブを表示します。

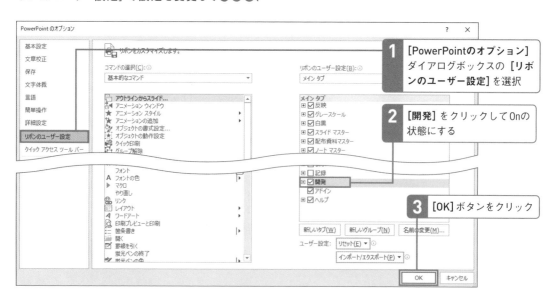

> **1** [PowerPointのオプション]ダイアログボックスの[リボンのユーザー設定]を選択

> **2** [開発]をクリックしてOnの状態にする

> **3** [OK]ボタンをクリック

● セキュリティ設定を確認する

1 [セキュリティセンター]ダイアログボックスを開く

セキュリティ設定を確認するために[開発]タブから ： しましょう❶。
[セキュリティセンター]ダイアログボックスを表示

1 [開発]タブの[マクロのセキュリティ]
をクリック

2 マクロのセキュリティ設定を確認する

[セキュリティセンター]ダイアログボックスで、マクロのセキュリティ設定を確認します❶❷❸。

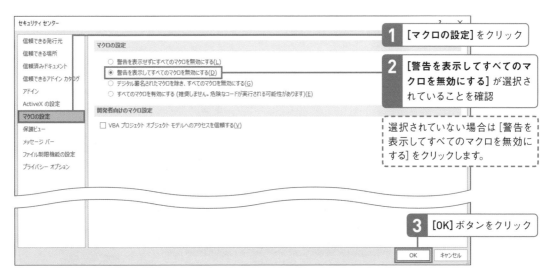

1 [マクロの設定]をクリック

2 [警告を表示してすべてのマクロを無効にする]が選択されていることを確認

選択されていない場合は[警告を表示してすべてのマクロを無効にする]をクリックします。

3 [OK]ボタンをクリック

Lesson

05

[マクロを含むプレゼンテーションを開く]

マクロを含むプレゼンテーションを開くときの様子を確認しましょう

このレッスンのポイント

前のLessonで行った[警告を表示してすべてのマクロを無効にする]設定で、どのような警告が表示されるのかと、その前に表示されるネットワーク経由で入手したファイルを開くときの警告が、Excelの場合と同様であることを確認しましょう。

→ ネットワーク経由で入手したファイルを開く場合

前のLessonで確認した[警告を表示してすべてのマクロを無効にする]設定による警告が表示される前に、別の警告が表示されることがあります。

ネットワーク経由で入手したファイルを開くと、バージョン2010以降のPowerPointでは、マクロが含まれていなくても、下図の警告が表示されます。

開いたファイルが安全であると確認できる場合には、[編集を有効にする]ボタンをクリックしましょう。

安全かどうかよくわからない場合は、ファイルを閉じてウイルスチェックなどを行いましょう。

▶ ダウンロードしたプレゼンテーションなどを開くと表示される保護ビュー

安全なファイルとわかっている場合は[編集を有効にする]ボタンをクリック

特にインターネット上には、マクロを含んでいなくてもウイルスに感染してしまったファイルなど、パソコンに何らかの悪影響を与えるファイルが存在します。その予防としてこの警告が表示されます。

安全性を確認してマクロを有効にする

[編集を有効にする] ボタンをクリックすると、前の Lessonで確認した [警告を表示してすべてのマクロを無効にする] オプションに関連する警告が表示されます。

これが、[セキュリティセンター] ダイアログボックスで [警告を表示してすべてのマクロを無効にする] オプションを適用した場合の挙動です。

この警告が表示された時点では、マクロは無効な状態になっています。開いたファイルが安全であることがわかっているときに、[コンテンツの有効化] ボタンをクリックすると、このファイルに含まれるマクロを使えるようになります。

ファイルの入手元が信頼できない場合には、[コンテンツの有効化] ボタンをクリックしないようにしましょう。

▶ セキュリティの警告

[セキュリティセンター] ダイアログボックスで [警告を表示してすべてのマクロを無効にする] オプションが適用されている場合

マクロが無効な状態で開かれ、セキュリティの警告が表示される

これらの挙動は、Excelの場合と同じです。

 ワンポイント　マクロを含むファイルの保存形式

バージョン2007以降のExcelではマクロを含むブックは、通常のブックと異なる拡張子で保存します。

PowerPointも同様で、通常のプレゼンテーションの拡張子が「.pptx」であるのに対し、マクロを含む場合は「.pptm」です。

[PowerPointマクロの実行]

本書で作成するPowerPointマクロを実行しましょう

このレッスンの
ポイント

Chapter 7まではLesson 01でお伝えした、スライドに画像挿入を繰り返すマクロと、プレゼンテーションから文字列を出力するマクロを題材として、PowerPoint VBAの学習を進めます。これら2つのPowerPointマクロを実行してみましょう。

→ マクロを実行する基本操作はExcelと同じ

Excelと同様にPowerPointでも、[マクロ] ダイアログボックスで実行したいマクロを選択して [実行] ボタンをクリックするのが、基本的なマクロの実行方法です。

[マクロ] ダイアログボックスを表示するには、リボ

ンの [開発] タブから [コード] グループの [マクロ] ボタンをクリックしてください。ボタンをクリックする代わりに Alt + F8 キーを押して [マクロ] ダイアログボックスを表示できるのもExcelと同じです。

▶ [マクロ]ダイアログボックスからマクロを実行する

実行したいマクロを選択して
[実行] ボタンをクリック

[編集] ボタンをクリックすると、そのSubプロシージャがアクティブな状態でVBEを表示できるのも、Excelと同じです。

👍 ワンポイント [マクロ]ダイアログボックスの[場所]はExcelと少しだけ違う

[マクロ] ダイアログボックスの、マクロが含まれるファイルを示すリストボックスは、PowerPointとExcelで少しだけ異なります。

Excelの場合、[マクロ] ダイアログボックスの[マクロの保存先] リストには、「開いているすべてのブック」がデフォルトで表示されます。

これに対しPowerPointの場合、[マクロ] ダイアログボックスの [場所] リストには、アクティブなプレゼンテーションがデフォルトで表示されます。

しかし「すべての開いているプレゼンテーション」が [場所] リストには用意されていますから、アクティブではない別のプレゼンテーションに含まれるマクロも、実行できます。

▶ [マクロ]ダイアログボックス

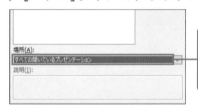

[場所]リストから「すべての開いているプレゼンテーション」を選べる

→ VBE関連の操作もExcelと同じ

VBEに関わる操作も、Excelと同じです。
[Alt]＋[F11]キーでPowerPointとVBEの表示の切り替え、VBEのコードウィンドウ内でSubプロシージャ内にカーソルを置いて[F5]キーで実行、[F8]キーでステップ実行などの操作はPowerPointでも同じです。

▶ 本書で利用するVBEのショートカットキー

ショートカットキー	挙動
[Alt]＋[F11]	PowerPointとVBEの表示切り替え
[F5]	Subプロシージャの実行
[F8]	Subプロシージャのステップ実行
[Ctrl]＋[G]	イミディエイトウィンドウの表示
[F2]	オブジェクトブラウザーの表示
[Shift]＋[F2]	定義箇所の表示（オブジェクトブラウザーの表示）
[Ctrl]＋[J]	メンバー表示

● 画像挿入を繰り返すマクロの実行

1 画像ファイルをコピーする

Chapter_1_画像挿入.pptm
C:¥temp¥images

画像挿入を繰り返すマクロを実行して、PowerPoint でのマクロ実行が、基本的に Excel のマクロ実行と同じであること、本書でどのようなマクロを作成することを目標に学習していくのかを確認しましょう。ダウンロードした images フォルダーを、C ドライブに作成した temp フォルダーにコピーします。

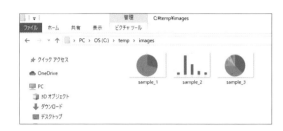

2 サンプルファイルを開く

ダウンロードした Chapter_1_画像挿入.pptm を開きます❶❷。

1 保護ビューで [編集を有効にする] ボタンをクリック

2 セキュリティの警告で [コンテンツの有効化] ボタンをクリック

3 [マクロ]ダイアログボックスを表示して実行する

[マクロ] ダイアログボックスを表示して❶「新規スライドに画像挿入を繰り返す」マクロを選択し❷、[実行] ボタンをクリックします❸。

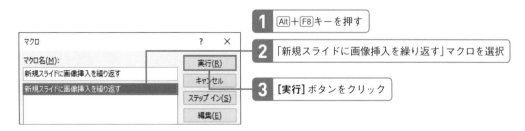

1 [Alt]+[F8]キーを押す

2 「新規スライドに画像挿入を繰り返す」マクロを選択

3 [実行] ボタンをクリック

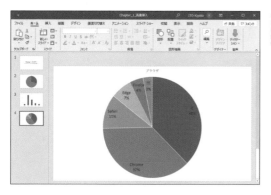

C:\temp\imagesフォルダー内の画像がスライドに挿入されました。

このマクロをLesson 40で作成します。

● タイトルを出力するマクロの実行

1 ： サンプルファイルを開く　　`Chapter_1_タイトル出力.pptm`

続いて、各スライドのタイトル文字列をイミディエイトウィンドウに出力するマクロをVBEから実行して、VBEの操作もExcelからVBEを表示したときと同じであることを確認しましょう。
ダウンロードしたChapter_1_タイトル出力.pptmを開

きます。画像挿入を繰り返すマクロを実行したときと同様、保護ビューで［編集を有効にする］ボタンをクリック後、セキュリティの警告で［コンテンツの有効化］ボタンをクリックしてください。

2 ： ［マクロ］ダイアログボックスからVBEを表示する

［マクロ］ダイアログボックスからVBEを表示しましょう。
［マクロ］ダイアログボックスで❶「全タイトル文字

列をイミディエイトウィンドウに出力する」を選択して❷［編集］ボタンをクリックします❸。

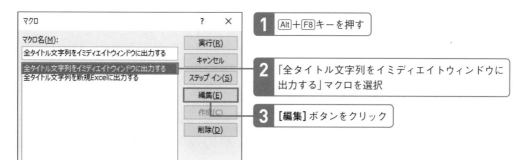

NEXT PAGE → | 031

3 イミディエイトウィンドウを表示する

タイトル文字列の出力先となるイミディエイトウィンドウを表示します。

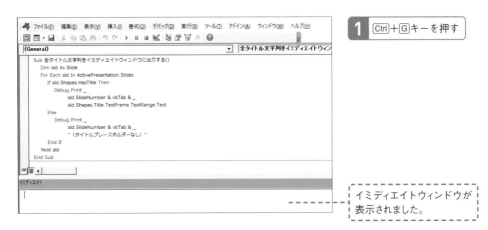

1 [Ctrl]+[G]キーを押す

イミディエイトウィンドウが
表示されました。

4 マクロを実行する

Subプロシージャ内にカーソルを置いて実行します。

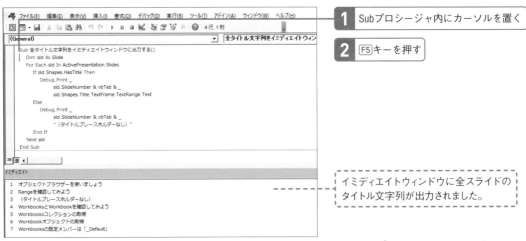

1 Subプロシージャ内にカーソルを置く

2 [F5]キーを押す

イミディエイトウィンドウに全スライドの
タイトル文字列が出力されました。

このマクロをLesson 54で作成します。また、[マクロ] ダイアログ
ボックスに名前が表示されていた「全タイトル文字列を新規
Excelに出力する」マクロは、Lesson 55で作成します。

Lesson 07

[PowerPointマクロの学習項目]

PowerPointマクロを作るために学習すべきことを確認しましょう

このレッスンの
ポイント

ここまでPowerPoint VBAとExcel VBAの違いをお伝えし、PowerPointマクロを実行しました。PowerPointマクロを作れるようになるために、学習しなければならないことを、まとめておきます。

→ 3つの学習すべきこと

PowerPointマクロを自分で作れるようになるために、最低限学習しなければならない項目は、大きく3つに分類できます。

「プログラミングに共通する考え方」「VBEの使い方」「オブジェクトを取得・操作するコード」の3つです。本書が主な対象とするのは「オブジェクトを取得・操作するコード」です。

「プログラミングに共通する考え方」とは、変数の概念、演算子やVBA関数の基本的な使い方、条件

分岐やループ処理といった制御構文などです。

これらはExcel VBAと基本的には同じですから、本書では注意すべき点についてのみ触れています。

「VBEの使い方」はExcel VBAの経験があれば基本操作はご存知でしょうから、「オブジェクトを取得・操作するコード」を理解するために、オブジェクトブラウザーとローカルウィンドウの、どこから何を読み取るかという基本を中心にお伝えしていきます。

▶ PowerPoint VBAの学習すべきこと

NEXT PAGE → | 033

→ Chapter 7までが本書のメインパート

「オブジェクトを取得・操作するコード」についてどこまで学習するかは、どのようなPowerPointマクロを作りたいかによって、もちろん変わってきます。
ですが、ある程度の機能を持ったマクロを作るためには、本書のChapter 7のLesson 54までの内容を、おおむね知っておく必要があります。

Chapter 7までが、PowerPoint VBAの「オブジェクトを取得・操作するコード」について学習する本書のメインパートです。
Chapter 8では、Chapter 7までの内容をふまえて、表の操作について学習します。

→ Chapter 3〜7で学習するオブジェクトを取得・操作するコード

前のLessonで実行した「全タイトル文字列をイミディエイトウィンドウに出力する」マクロは、Chapter 7までで学習する「オブジェクトを取得・操作するコード」がいくつか含まれています。

各Chapterでは、このマクロのどの部分を見ていくのかを確認しながら学習を進めていきます。
各Chapterとコードの対応関係は、以下のとおりです。

▶「全タイトル文字列をイミディエイトウィンドウに出力する」マクロ

```
Sub_全タイトル文字列をイミディエイトウィンドウに出力する()
____Dim_sld_As_Slide
____For_Each_sld_In_ActivePresentation.Slides
_____If_sld.Shapes.HasTitle_Then
_____Debug.Print__
_____sld.SlideNumber_&_vbTab_&__
_____sld.Shapes.Title.TextFrame.TextRange.Text
_____Else
_____Debug.Print__
_____sld.SlideNumber_&_vbTab_&__
_____"（タイトルプレースホルダーなし）"
_____End_If
____Next_sld
End_Sub
```

Chapter 3 で学習

Chapter 7 で学習

Chapter 6 で学習

Chapter 4 で学習

Chapter 5 で学習

Chapter

2

オブジェクト操作
の基本を
確認しよう

PowerPoint VBA の学習を始める前に、オブジェクトを取得・設定するコードの基本と、オブジェクトブラウザーの使い方を確認しておきましょう。

Lesson 08

[オブジェクト、プロパティ、メソッド]

オブジェクトとオブジェクトに対する指示の概要を確認しましょう

**このレッスンの
ポイント**

Excelマクロを自分で作るためには、オブジェクトを取得・設定する
コードについて理解している必要があります。PowerPointマクロを
作る場合も同様です。PowerPoint VBAの学習を始める前に、オブジェ
クト、プロパティ、メソッドについて確認しましょう。

⊙ オブジェクトとはPowerPoint上の処理対象

PowerPoint VBAで、何らかの処理を行う対象とな
るPowerPointの要素を「オブジェクト」といいます。
PowerPointの要素であるプレゼンテーションやスラ
イド、プレースホルダー、テキストボックス、図形
などこれらはいずれもオブジェクトです。

オブジェクトに対する指示は、オブジェクトに用意
されている「プロパティ」と「メソッド」を使って行い
ます。
コードウィンドウやオブジェクトブラウザーの、📘
アイコンがオブジェクトです。

▶ **PowerPoint VBAのオブジェクトの例**

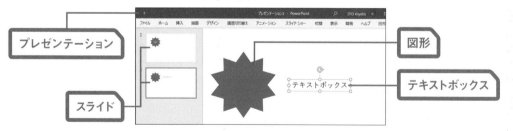

▶ **コードウィンドウで表示されるオブジェクトのアイコン**

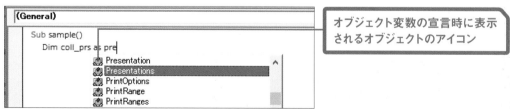

➔ プロパティとはオブジェクトのデータを取得するコード

オブジェクトに用意されている、データを取得するコードを「プロパティ」といいます。

プロパティには、単なるデータを取得するプロパティと、オブジェクトを取得するプロパティがあります。一部のプロパティでは、データの設定もできます。設定可能なプロパティはオブジェクトブラウザーで確認できます（P.050のワンポイント参照）。

プロパティを使ってデータを設定する場合には、メソッドとは違い、必ず代入文の形にする必要があります。

コードウィンドウやオブジェクトブラウザーの、アイコンがプロパティです。

▶ コードウィンドウで表示されるプロパティのアイコン

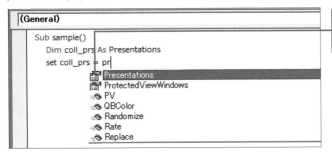

実行される文の入力途中で表示されるプロパティのアイコン

▶ 2種類のプロパティ

```
2種類のプロパティ ─┬─ 単なるデータを取得するプロパティ
                  └─ オブジェクトを取得するプロパティ
```

コードウィンドウやオブジェクトブラウザーに表示される主なアイコンは、Lesson 12でまとめています。

👍 ワンポイント Applicationプロパティと Parentプロパティ

どのオブジェクトにも共通して用意されているプロパティが存在します。

Applicationプロパティと Parentプロパティです。

Applicationプロパティは、Applicationオブジェクトを取得するためのプロパティで、PowerPoint VBAの場合、ApplicationオブジェクトはアプリケーションソフトのPowerPointを表します。

Parentプロパティは、1つ上の階層のオブジェクト（親オブジェクト）を取得するためのプロパティです。

本書は、初学者が PowerPointのもっとも基本的なオブジェクトと階層構造を理解することに主眼を置いているため、Parentプロパティの返すオブジェクトが、本書の解説と異なるケースもありますが、本書で解説している階層構造の形でオブジェクトを理解しても、本書のレベルでは困ることはありません。

→ メソッドとはオブジェクトに対して動作を直接指示するコード

オブジェクトに対して行う動作を直接指示するコードを「メソッド」といいます。メソッドには、何も返さないメソッド、単なるデータを返すメソッドと、オブジェクトを返すメソッドがあります。

コードウィンドウやオブジェクトブラウザーの、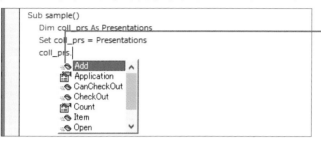 アイコンがメソッドです。メソッドでオブジェクトに対して設定などを行う場合、プロパティとは違い、必ずしも代入文にする必要はありません。

▶ コードウィンドウで表示されるメソッドのアイコン

```
Sub sample()
    Dim coll_prs As Presentations
    Set coll_prs = Presentations
    coll_prs.
        ⚲ Add
        📄 Application
        ⚲ CanCheckOut
        ⚲ CheckOut
        📄 Count
        ⚲ Item
        ⚲ Open
```

> 実行される文の入力途中で表示されるメソッドのアイコン

> この3種類は、オブジェクトブラウザーの詳細ペインで、コードの種別と戻り値の型を見れば判断できます。

▶ 3種類のメソッド

```
3種類のメソッド ─┬─ 何も返さないメソッド
                 ├─ 単なるデータを返すメソッド
                 └─ オブジェクトを返すメソッド
```

👆 ワンポイント オブジェクト名はコードの中にあまり書かれない

Excel VBAのを活用している方の中にも誤解している方がいますが、標準モジュールに書かれるコードで、オブジェクト名が直接書かれていることは、それほど多くありません。オブジェクト変数の宣言時にAsの後ろに書かれるのはオブジェクト名ですが、実行される文に書かれているのは、多くの場合プロパティやメソッドです。コードに書かれているのが、オブジェクト名なのか、プロパティまたはメソッドなのかは、コーディング時に表示されるアイコンなどから判断できます。

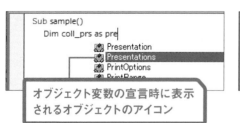

```
Sub sample()
    Dim coll_prs as pre
        📄 Presentation
        📄 Presentations
        📄 PrintOptions
        📄 PrintRange
```

> オブジェクト変数の宣言時に表示されるオブジェクトのアイコン

```
Sub sample()
    Dim coll_prs As Presentations
    set coll_prs = pr
        📄 Presentations
        📄 ProtectedViewWindows
```

> 実行される文の入力途中で表示されるプロパティのアイコン

→ プロパティやメソッドが返すオブジェクトをイメージしよう

オブジェクトを返すプロパティやメソッドは、単なるデータを返すプロパティやメソッドよりもイメージしづらいため、理解するのが難しい傾向があります。繰り返しトレーニングしなければ、なかなかイメージできるようにはなりません。
本書ではオブジェクトを操作するコードの解説図版をいくつも掲載しています。コードを見て、何が返されるのか、どのような実行結果となるのかを繰り返しイメージしてください。
コードを読んでイメージすることを繰り返せば繰り返すほど、オブジェクトのことがより深くわかるようになっていきます。

▶ オブジェクトを取得・操作するコードの解説図版の読み方

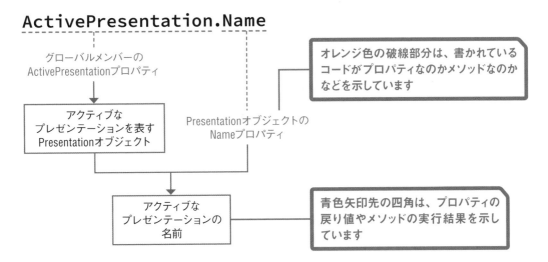

```
ActivePresentation.Name
```

グローバルメンバーの
ActivePresentationプロパティ

アクティブな
プレゼンテーションを表す
Presentationオブジェクト

Presentationオブジェクトの
Nameプロパティ

オレンジ色の破線部分は、書かれているコードがプロパティなのかメソッドなのかなどを示しています

アクティブな
プレゼンテーションの
名前

青色矢印先の四角は、プロパティの戻り値やメソッドの実行結果を示しています

この例では、まずPresentationオブジェクトがActivePresentationプロパティで返されることをイメージし、続いてPresentationオブジェクトのNameプロパティでプレゼンテーションの名前が返されることをイメージしてください。

Lesson 09 ［オブジェクトの階層構造］
オブジェクトの階層構造について確認しましょう

**このレッスンの
ポイント**

Excelと同様PowerPointにもたくさんのオブジェクトが存在し、階層構造になっています。Excel VBAを使えるみなさんの場合、Excel VBAとは異なる階層構造を理解することが、PowerPoint VBAを習得する上で重要なポイントです。

→ オブジェクトの階層構造

Excelのオブジェクトが階層構造になっているのと同じように、PowerPointのオブジェクトも階層構造になっています。
VBAからPowerPointのオブジェクトを操作するとき

には、階層構造を理解している必要があります。
上位階層のオブジェクトから、順番にたどって取得・設定するのがオブジェクト操作の基本です。

▶ ExcelとPowerPointのもっとも基本的な階層構造

Application
Excelを表すオブジェクト

Workbooks/Workbook
ブックを表すオブジェクト

Worksheets/Worksheet
ワークシートを表すオブジェクト

Range
セルを表すオブジェクト

Application
PowerPointを表すオブジェクト

Presentations/Presentation
プレゼンテーションを表すオブジェクト

Slides/Slide
スライドを表すオブジェクト

Shapes/Shape
図形を表すオブジェクト

Excel VBAのコードは書けるのに、PowerPoint VBAのコードが書けないのは、PowerPointを操作するための個々のオブジェクトについて、知識がないことと階層構造を理解できていないことが主な原因です。

→ 一部のプロパティは階層をたどらずにコードを書ける

VBAでは、上位のオブジェクトから順番にたどってコードを書くのが基本ですが、一部のプロパティについては上位の階層からたどらなくても、コードを書き始められます（Lesson 02参照）。

Excel VBAの場合、セルを表すRangeオブジェクトは、「Application − Workbook − Worksheet − Range」といった階層をたどって取得するのが基本です。しかし表計算ソフトExcelではセルを操作対象とすることが多いために、Rangeオブジェクトを取得するためのプロパティのいくつかが、グローバルメンバーになっています。Rangeプロパティ、Cellsプロパティ、ActiveCellプロパティなどがグローバルメンバーになっているため、階層をたどらずコードを書き始められます。

▶ 階層をたどらず書けるプロパティはオブジェクトブラウザーで確認できる

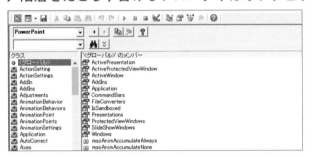

Lesson 16、20の実習で、オブジェクトブラウザーを使ってグローバルメンバーを確認します。

▶ 本書で学習するPowerPointのグローバルなプロパティ

プロパティ	取得できるオブジェクト	学習するLesson
ActivePresentation	Presentationオブジェクト	Lesson 13
Presentations	Presentationsコレクション	Lesson 17
ActiveWindow	DocumentWindowオブジェクト	P.123、160のワンポイント

👍 ワンポイント PowerPointの階層構造はExcelと似ている部分もある

ExcelとPowerPointのオブジェクトはまったく別で、階層構造も当然異なりますが、似ている部分もあります。

具体的には、PowerPointのプレゼンテーションを表すオブジェクトはExcelのブックを表すオブジェクトに、PowerPointのスライドを表すオブジェクトはExcelのワークシートを表すオブジェクトに似た部分があります。

似ている部分はExcelをイメージしながら、似ていない部分は違いをしっかり意識することで習得が楽になります。すでに習得している項目と、似ている部分と似ていない部分を意識することは、多くの学習で有効な方略です。

Lesson 10 ［コレクション］
コレクションについて確認しましょう

このレッスンの
ポイント

同じ種類のオブジェクトをまとめて扱えるグループになっているオブジェクトを、コレクションといいます。コレクションには、コレクションに含まれる単独のオブジェクトの数や単独のオブジェクトを取得するための、プロパティやメソッドが用意されています。

→ コレクションとは

同じ種類のオブジェクトがグループになっていて、まとめて扱えるオブジェクトがあります。このようなオブジェクトを「コレクションオブジェクト」または「コレクション」といいます。Excel VBAの場合、単独のブックを表すWorkbookオブジェクトのコレクションがWorkbooksコレクションで、PowerPointの場合、単独のプレゼンテーションを表すPresentationオブジェクトのコレクションがPresentationsコレクションです（Presentations/Presentationの詳細はChapter 3で学習します）。

コレクションには、コレクションに含まれる単独のオブジェクトの数を取得するCountプロパティが必ず用意されています。

また、コレクションに用意されているItemメソッド（またはItemプロパティ）を使って、コレクションから、コレクションに含まれる単独のオブジェクトを取得できます。

▶ ExcelのWorkbooksコレクション

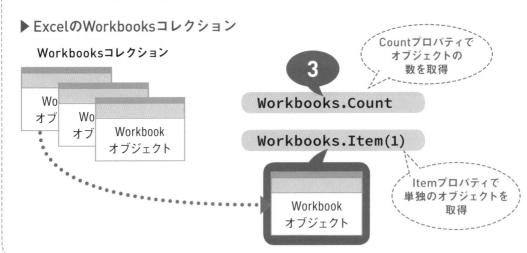

Itemはコレクションの既定メンバー

Itemメソッド（またはItemプロパティ）は、コレクションの既定メンバーになっているため、省略して書くこともできます。既定メンバーとは、プロパティまたはメソッドが省略されているときに、そのプロパティまたはメソッドが省略されているとみなされ、評価・実行されるものです。

例えば、Presentationsコレクションから、単独のPresentation オブジェクトを取得する場合「Presentations.Item(1)」といった書き方をするのが基本ですが、Presentationsコレクションの既定メンバーであるItemを省略して「Presentations(1)」と書くのが一般的です。

 ## 本書で学習するPowerPointのコレクション

本書では以下のようなPowerPointのコレクションについて学習します。

コレクション	単独のオブジェクト	学習するLesson
Presentations	Presentation	Lesson 17、18
Slides	Slide	Lesson 22、23
SlideRange	Slide	P.123のワンポイント
Shapes	Shape	Lesson 31、32
Placeholders	Shape	Lesson 49、50
ShapeRange	Shape	P.160のワンポイント
Rows	Row	Lesson 56
Columns	Column	Lesson 56

▶ PowerPointのPresentationsコレクション

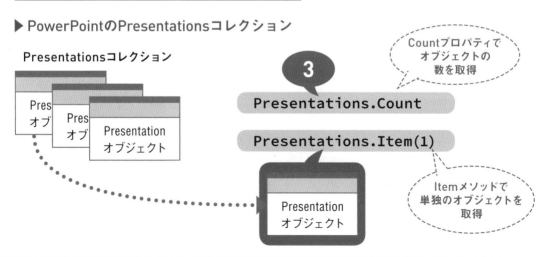

Lesson 11

[オブジェクト変数]

オブジェクト変数について
確認しましょう

**このレッスンの
ポイント**

「名前を付けた箱」によく例えられる変数の中で、オブジェクトの参照情報が代入される変数をオブジェクト変数と呼びます。メモリに何が書き込まれるのかに注目して、オブジェクト変数について確認しておきましょう。

→ 変数は2種類に分類できる

プログラミング言語の中には、メモリに何が書き込まれるかに注目すると、変数は2種類に分類できるものがあります。データそのものが書き込まれる「値型変数」と、データの存在するメモリアドレスが書き込まれる「参照型変数」の2種類です。VBAもこのタイプのプログラミング言語です。

▶ メモリに注目した変数の分類

変数	値型変数（データが直接メモリに書き込まれる）
	参照型変数（データの存在するメモリアドレスがメモリに書き込まれる）

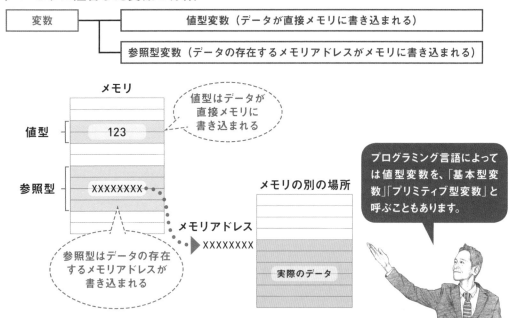

メモリ

値型　　123

値型はデータが
直接メモリに
書き込まれる

参照型　　XXXXXXXX

メモリの別の場所

メモリアドレス
XXXXXXXX

実際のデータ

参照型はデータの存在
するメモリアドレスが
書き込まれる

プログラミング言語によっては値型変数を、「基本型変数」「プリミティブ型変数」と呼ぶこともあります。

種類によって異なる変数のメモリサイズ

値型変数は、メモリの一部分にデータそのものが書き込まれる変数です。このため値型変数の場合、データ型によって使用するメモリサイズが異なります。

参照型変数は、メモリの一部分にデータそのものではなく、データが存在するメモリアドレスが書き込まれる変数です。参照型変数の場合は、メモリに書き込まれるのはメモリアドレスですから、使用するメモリサイズは一定です。

VBAの場合、オブジェクト変数は参照型変数に該当し、サイズは32ビットバージョンのOfficeでは4バイト（32ビット）、64ビットバージョンのOfficeでは8バイト（64ビット）です。

▶VBAの主な値型変数のサイズ

データ型	サイズ
Integer	2バイト
Long	4バイト
Single	4バイト
Double	8バイト
Date	8バイト
Boolean	2バイト

オブジェクト変数への代入にはSetキーワードが原則必要

VBAの場合、普通の変数への代入は、代入演算子「=」だけを使った代入文でデータの格納ができるのに対し、オブジェクト変数の場合は、代入演算子「=」にSetキーワードを組み合わせる必要があります。

ただし、For Each〜Next文の場合は、Setキーワードは不要です。

▶オブジェクト変数の利用例

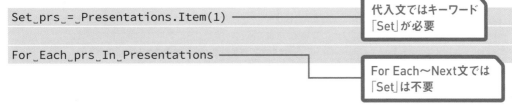

```
Set prs = Presentations.Item(1)
```
代入文ではキーワード「Set」が必要

```
For Each prs In Presentations
```
For Each〜Next文では「Set」は不要

Lesson 12

[オブジェクトブラウザーの使い方]

オブジェクトブラウザーの使い方を学習しましょう

このレッスンの
ポイント

マクロ記録機能のないPowerPointの場合、オブジェクトを取得・操作するコードを書くには、オブジェクトブラウザーの利用が必須です。オブジェクトなどについて調べるための索引・簡易辞書である、オブジェクトブラウザーの使い方を学習しましょう。

→ オブジェクトブラウザーとはオブジェクトなどの索引・簡易辞書

オブジェクトブラウザーとは、オブジェクトなどについて調べるための索引・簡易辞書と呼べる機能です。辞書の本文に該当するのはもちろんヘルプですが、ヘルプを効率的に引くための索引であり、有用な主たる情報を読み取れる簡易辞書がオブジェクトブ

ラウザーです。

ヘルプの検索機能では該当する項目をうまく見つけられないこともありますが、オブジェクトブラウザーで該当項目を選択しておいてから F1 キーを押せば確実にヘルプを表示できます。

▶ オブジェクトブラウザーの画面構成

▶ 主なアイコンの意味と詳細ペインに表示される種別

アイコン	意味	詳細ペインに表示される種別
	オブジェクト	Class
	プロパティおよび一部のVBA関数	Property
	メソッドおよびほとんどのVBA関数	FunctionまたはSub
	オブジェクトの既定メンバー	FunctionまたはProperty
	モジュール	Module
	列挙型	Enum
	定数	Const

> これらのアイコンは、Lesson 08で見たように、コーディング時にはコードウィンドウでも表示されます。

👍 ワンポイント バージョン2013以降の既定メンバーのアイコン

既定メンバー（Lesson 10参照）のアイコンは、バージョン2010までは下図のように、プロパティやメソッドのアイコンに青丸が表示されてい

ました。2013以降のバージョンでは、この青丸だけが大きく表示されてしまっています。

PowerPoint 2010までの既定メンバーアイコン

PowerPoint 2013以降の既定メンバーアイコン

→ オブジェクトブラウザーを表示する

オブジェクトブラウザーは、VBEのメニュー[表示]
ー[オブジェクトブラウザー]、[標準]ツールバーの
[オブジェクトブラウザー]ボタン、ショートカットキ
ーの[F2]キーで表示できます。

Lesson 03でお伝えしたように、コードウィンドウで
[Shift]+[F2]キーを押して、該当項目を直接表示する
こともできます。

▶[標準]ツールバーの[オブジェクトブラウザー]ボタン

[オブジェクトブラウザー]ボタン

→ [ライブラリ/プロジェクト]ボックス

オブジェクトブラウザーに表示するライブラリやプ
ロジェクトを選択します。選択されたライブラリや

プロジェクトに含まれるオブジェクトやモジュールな
どが表示されます。

ライブラリ/プロジェクト	選択時に表示される項目
Office	Microsoft Officeで共通するオブジェクトなど
PowerPoint	PowerPointのオブジェクトなど
VBA	VBAの関数や定数など
VBAProject	VBAProjectのモジュールなど

👍 ワンポイント オブジェクトブラウザーはヘルプよりも人為的ミスが少ない

ヘルプは人間が作成するために、ミスが必ず含
まれます。特に日本語版ヘルプの場合、原本(英
語版)作成時のミスと、日本語に翻訳する際の
ミスが含まれる可能性があります。

これに対し、オブジェクトブラウザーに表示さ
れる項目は、プログラムから作られるため、人
為的なミスの含まれる可能性が、ヘルプよりも
かなり低くなっています。

クラスペイン、メンバーペイン、詳細ペインは連動している

クラスペイン、メンバーペイン、詳細ペインの表示は連動しています。

クラスペインでオブジェクトを選択すると、選択したオブジェクトに含まれるプロパティ・メソッドなど がメンバーペインに表示されます。メンバーペインでプロパティ・メソッドなどを選択すると、その定義が詳細ペインに表示されます。

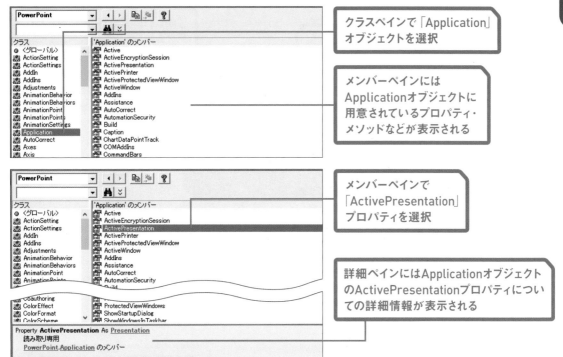

クラスペインで「Application」オブジェクトを選択

メンバーペインにはApplicationオブジェクトに用意されているプロパティ・メソッドなどが表示される

メンバーペインで「ActivePresentation」プロパティを選択

詳細ペインにはApplicationオブジェクトのActivePresentationプロパティについての詳細情報が表示される

▶ 詳細ペインの基本的な読み方

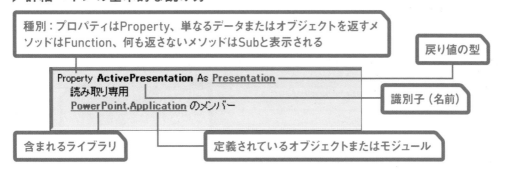

種別：プロパティはProperty、単なるデータまたはオブジェクトを返すメソッドはFunction、何も返さないメソッドはSubと表示される

戻り値の型

識別子（名前）

含まれるライブラリ

定義されているオブジェクトまたはモジュール

▶ 詳細ペインの引数部分の読み方

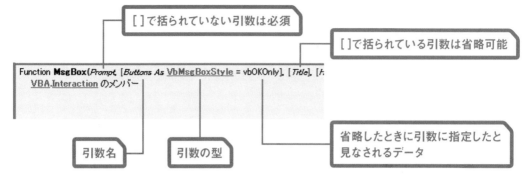

[ ]で括られていない引数は必須

[ ]で括られている引数は省略可能

Function **MsgBox**(*Prompt*, [*Buttons As* <u>VbMsgBoxStyle</u> = vbOKOnly], [*Title*], [*F...*
　　　<u>VBA.Interaction</u> のメンバー

引数名

引数の型

省略したときに引数に指定したと
見なされるデータ

詳細ペインの戻り値や引数で、「As ○○」の
表示がない場合は、プロシージャなどの変
数宣言文で型を指定しなかったときと同様
にVariant型と考えてください。

👍 ワンポイント 取得のみ可能なプロパティと設定も可能なプロパティ

Lesson 08で確認したとおり、プロパティには取
得だけができるものと、設定も可能なものとが
あります。この違いはオブジェクトブラウザー
の詳細ペインで確認できます。

詳細ペインに「読み取り専用」と表示されてい
るプロパティは取得だけが可能で設定はできま
せん。「読み取り専用」と表示されないプロパテ
ィは設定も可能です。

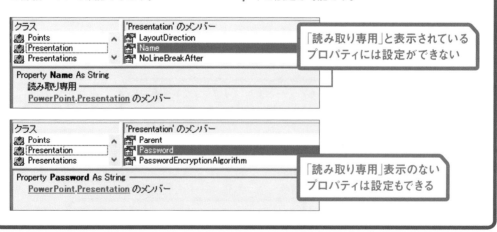

クラス	'Presentation' のメンバー
Points	LayoutDirection
Presentation	Name
Presentations	NoLineBreakAfter

Property **Name** As String
　　読み取り専用
　　<u>PowerPoint.Presentation</u> のメンバー

「読み取り専用」と表示されている
プロパティには設定ができない

クラス	'Presentation' のメンバー
Points	Parent
Presentation	Password
Presentations	PasswordEncryptionAlgorithm

Property **Password** As String
　　<u>PowerPoint.Presentation</u> のメンバー

「読み取り専用」表示のない
プロパティは設定もできる

→ オブジェクトブラウザーの表示設定

オブジェクトブラウザー内の右クリックで表示されるショートカットメニューから、オブジェクトブラウザーの設定を変更できます。本書では、この図のように「グループメンバー」のみがOnの状態を基本にして学習を進めます。

▶ 表示設定を変更するショートカットメニュー

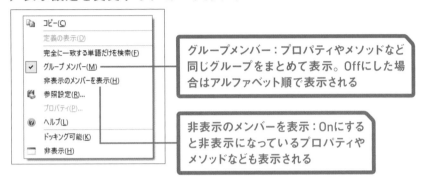

グループメンバー：プロパティやメソッドなど同じグループをまとめて表示。Offにした場合はアルファベット順で表示される

非表示のメンバーを表示：Onにすると非表示になっているプロパティやメソッドなども表示される

→ 検索機能で目的のものを探す

[検索文字列] ボックスに文字列を入力して、[Enter] キーを押すか、[検索文字列] ボックスの右にある [検索] ボタンをクリックすると検索ができます。
検索結果ペインは、クラスペイン、メンバーペイン、詳細ペインと連動しています。
完全一致で検索を行いたい場合は、ショートカットメニューで [完全に一致する単語だけを検索] をオンの状態にしてください。

▶ 検索機能の基本的な使い方

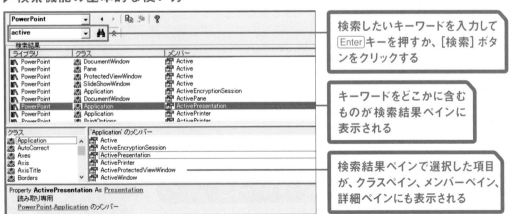

検索したいキーワードを入力して [Enter] キーを押すか、[検索] ボタンをクリックする

キーワードをどこかに含むものが検索結果ペインに表示される

検索結果ペインで選択した項目が、クラスペイン、メンバーペイン、詳細ペインにも表示される

○ オブジェクトブラウザーでライブラリを意識する

オブジェクトブラウザーでライブラリを変更して、表示状態が変化することを確認しましょう。

1 | オブジェクトブラウザーを表示する

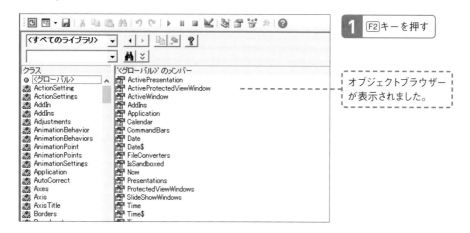

1 F2 キーを押す

オブジェクトブラウザー
が表示されました。

2 | PowerPointライブラリを選択する

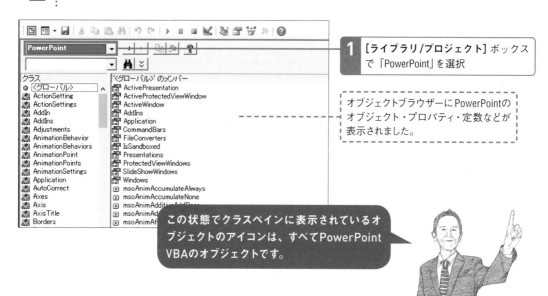

1 [ライブラリ/プロジェクト] ボックス
で「PowerPoint」を選択

オブジェクトブラウザーにPowerPointの
オブジェクト・プロパティ・定数などが
表示されました。

この状態でクラスペインに表示されているオ
ブジェクトのアイコンは、すべてPowerPoint
VBAのオブジェクトです。

3 VBAライブラリを選択する

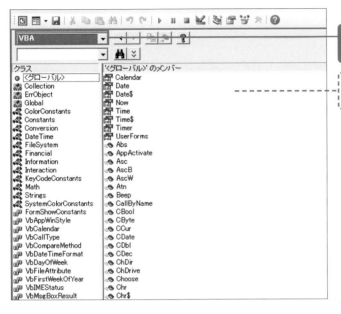

1　[ライブラリ/プロジェクト]ボックスで「VBA」を選択

オブジェクトブラウザーにVBAのモジュール・関数などが表示されました。

この状態でメンバーペインに表示されている定数以外のアイコンが、Excel VBAの経験があるみなさんにはおなじみのVBA関数です。

👍 ワンポイント VBAはExcelに含まれる機能というわけではない

VBEはExcelから起動するせいか、VBAがExcelに含まれている一機能と考えてしまうExcel VBA経験者もいますが、この考え方は間違っています。VBAとVBEは、Officeとは別のプログラムです。同じパソコン内であれば、Excelから起動するVBEとPowerPointから起動するVBEは同じものですから、Excelから起動したVBEで設定変更を行うと、PowerPointから起動したVBEにも反映されます。VBAの関数や定数は、PowerPoint VBAでも

Excel VBAとまったく同じです。
プログラミング言語VBAからExcelを操作する状態がExcel VBA、PowerPointを操作する状態がPowerPoint VBAと一般に呼ばれているに過ぎません。VBAの関数などを使ったコードなのか、VBAからExcelやPowerPointなどを取得・操作するコードなのかを区別しながら、少しずつ理解していきましょう。

● オブジェクトブラウザーの基本操作を確認する

1 MsgBox関数を確認する

オブジェクトブラウザーの基本操作を、VBAのMsgBox
関数を調べることで確認しましょう。
MsgBox関数は、メッセージボックスを表示し、押
されたボタンに応じたVbMstBoxResult列挙型に定

義された定数を返す関数です。
MsgBox関数はVBAの関数で、PowerPoint VBAでも
Excel VBAの場合と同じように使えます。

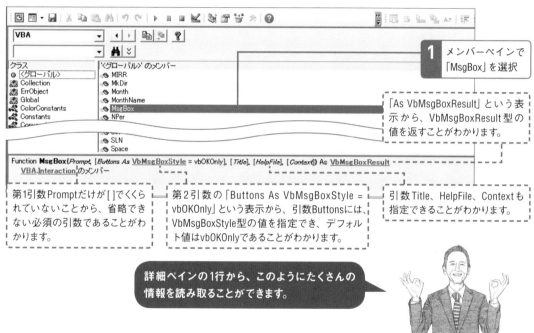

1 メンバーペインで「MsgBox」を選択

「As VbMsgBoxResult」という表示から、VbMsgBoxResult型の値を返すことがわかります。

第1引数Promptだけが [ ] でくくられていないことから、省略できない必須の引数であることがわかります。

第2引数の「Buttons As VbMsgBoxStyle = vbOKOnly」という表示から、引数Buttonsには、VbMsgBoxStyle型の値を指定でき、デフォルト値はvbOKOnlyであることがわかります。

引数Title、HelpFile、Contextも指定できることがわかります。

詳細ペインの1行から、このようにたくさんの情報を読み取ることができます。

2 VbMsgBoxResult列挙型を確認する

MsgBox関数の戻り値として定義されているVbMsgBoxResult列挙型を確認しましょう。

1 Asの後ろの「VbMsgBoxResult」リンクをクリック

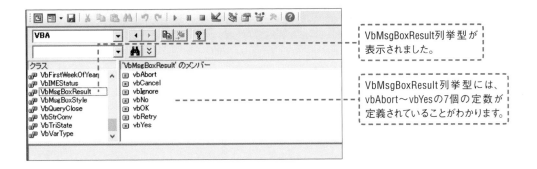

VbMsgBoxResult列挙型が
表示されました。

VbMsgBoxResult列挙型には、
vbAbort〜vbYesの7個の定数が
定義されていることがわかります。

3 定数vbYesを確認する

VbMsgBoxResult列挙型に定義されている定数vbYesの実際の値を確認しましょう。

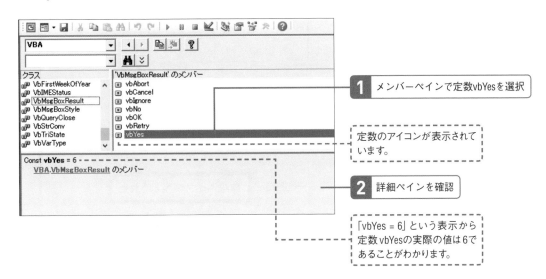

1 メンバーペインで定数vbYesを選択

定数のアイコンが表示されて
います。

2 詳細ペインを確認

「vbYes = 6」という表示から
定数vbYesの実際の値は6で
あることがわかります。

このように定数の一覧や実際の値を確認したい
場合にも、オブジェクトブラウザーで十分なケー
スは少なくありません。

ワンポイント 詳細ペインが表示されない場合

オブジェクトブラウザーの詳細ペインが表示さ　線を何回か上下にドラッグすると表示されます。
れない場合があります。その場合は下側の境界

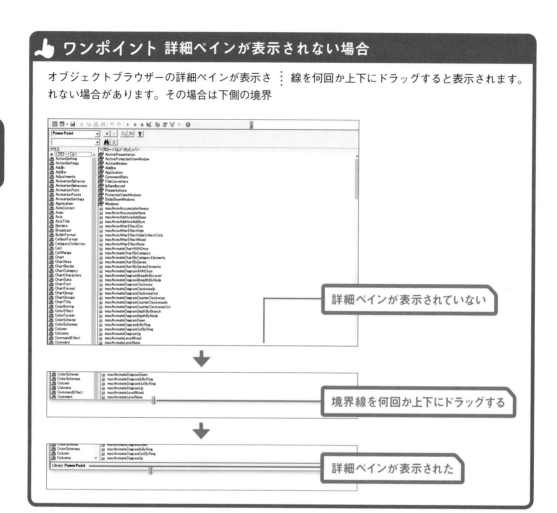

詳細ペインが表示されていない

境界線を何回か上下にドラッグする

詳細ペインが表示された

プレゼンテーション
を表す
オブジェクトを
学ぼう

> PowerPointの主要なオブジェクトのうち、役割・階層的にExcelのブックに似た、プレゼンテーションを表すオブジェクトから学習を始めましょう。

Lesson 13

[ActivePresentationプロパティ]

ActivePresentationから 学習を始めましょう

このレッスンの
ポイント

このChapterから、PowerPointの主要なオブジェクトについて、学習していきます。アクティブなプレゼンテーションを表すPresentationオブジェクトを取得する、ActivePresentationプロパティから見ていきましょう。

➡️ Excelのブックに近いのがPowerPointのプレゼンテーション

役割・階層的にExcelのブックに近いのが、PowerPointのプレゼンテーションです。

Excel VBAでは、WorkbooksコレクションとWorkbookオブジェクトを使って、ブックを操作することができます。同様にPowerPoint VBAでは、Presentationsコレクションとプレゼンテーションを操作できます。

Presentationsコレクションは開いているすべてのプレゼンテーションを表し、Presentationオブジェクトは個々のプレゼンテーションを表します。

▶ ExcelとPowerPointの主要な階層構造の対比

このChapterで学習するプレゼンテーションを表すオブジェクト

Application
Excelを表すオブジェクト

Workbooks/Workbook
ブックを表すオブジェクト

Worksheets/Worksheet
ワークシートを表すオブジェクト

Range
セルを表すオブジェクト

Application
PowerPointを表すオブジェクト

Presentations/Presentation
プレゼンテーションを表すオブジェクト

Slides/Slide
スライドを表すオブジェクト

Shapes/Shape
図形を表すオブジェクト

役割・階層的に、PowerPoint VBAのPresentationsはExcel VBAのWorkbooksに、PresentationはWorkbookに似ています。

ActivePresentationはActiveWorkbookと似たプロパティ

Excel VBAでは、ActiveWorkbookプロパティで、アクティブなブックを表すWorkbookオブジェクトを取得することができます。

PowerPoint VBAの場合、ActivePresentationプロパティで、アクティブなプレゼンテーションを表すPresentationオブジェクトを取得できます。

 ## サンプルマクロ内のActivePresentationプロパティ

Lesson 06で実行した、「全タイトル文字列をイミディエイトウィンドウに出力する」マクロでは、1カ所にActivePresentationプロパティが使われています。「For Each sld In ActivePresentation.Slides」の部分です。
ActivePresentationでアクティブなプレゼンテーショ

ンを表すPresentationオブジェクトを取得し、Presentationオブジェクトに用意されているSlidesプロパティで、全スライドを表すSlidesコレクションを取得しているコードです（Slidesの詳細はChapter 4で学習します）。

▶「全タイトル文字列をイミディエイトウィンドウに出力する」マクロ

```
Sub_全タイトル文字列をイミディエイトウィンドウに出力する()
____Dim_sld_As_Slide
____For_Each_sld_In_ActivePresentation.Slides
_____If_sld.Shapes.HasTitle_Then
_____Debug.Print__
_____sld.SlideNumber_&_vbTab_&__
_____sld.Shapes.Title.TextFrame.TextRange.Text
_____Else
_____Debug.Print__
_____sld.SlideNumber_&_vbTab_&_"(タイトルプレースホルダーなし)"
_____End_If
____Next_sld
End_Sub
```

> アクティブなプレゼンテーションを表すPresentationオブジェクトを取得するActivePresentationプロパティ

> 「ActivePresentation.Slides」は、Excel VBAのアクティブなブックの全ワークシートを表すコレクションを取得する「ActiveWorkbook.Worksheets」と似たコードです。

→ ActivePresentationはグローバルなプロパティ

ActivePresentationプロパティは、PowerPointの最上位のオブジェクトであるApplicationに用意されており、「Application.ActivePresentation」と書くこともできます。

ただしActivePresentationプロパティは、Lesson 02、09で確認したグローバルメンバーに該当するため、「Application.」を省略して、いきなり「ActivePresentation」と書き始めるのが一般的です。

▶ ApplicationオブジェクトのActivePresentationプロパティ

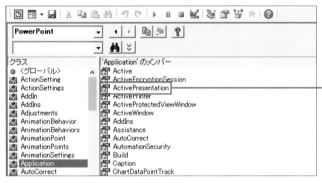

ApplicationオブジェクトのActivePresentationプロパティ

▶ グローバルメンバーのActivePresentationプロパティ

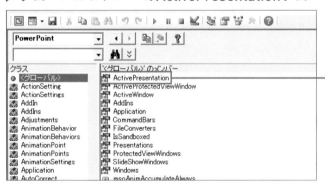

グローバルメンバーのActivePresentationプロパティ

ActivePresentationプロパティがグローバルなメンバーであることは、Lesson 16でオブジェクトブラウザーを使って確認しましょう。

Lesson 14 ［Presentationオブジェクトのプロパティ］
Presentationが持つプロパティについて学習しましょう

**このレッスンの
ポイント**

前のLessonでお伝えしたActivePresentationプロパティなどで取得できる、Presentationオブジェクトが持つプロパティを見ましょう。Presentationオブジェクトには、Excel VBAのWorkbookオブジェクトに似たプロパティが用意されています。

→ プレゼンテーションの名前を取得するNameプロパティ

Excel VBAでは、Workbookオブジェクトに用意されているNameプロパティで、ブックの名前を取得することができます。同様にPowerPoint VBAでは、PresentationオブジェクトのNameプロパティで、プ

レゼンテーションの名前を取得できます。「MsgBox ActivePresentation.Name」を実行すると、アクティブなプレゼンテーションの名前がメッセージボックスに表示されます。

▶ ActivePresentation.Nameの意味

```
ActivePresentation.Name
```

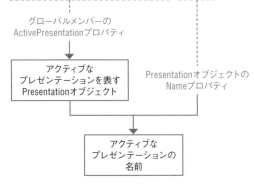

グローバルメンバーの
ActivePresentationプロパティ

アクティブな
プレゼンテーションを表す
Presentationオブジェクト

Presentationオブジェクトの
Nameプロパティ

アクティブな
プレゼンテーションの
名前

Excel VBAの「ActiveWorkbook.Name」と似たコードであることを意識してください。

→ 保存先フォルダーのパスを取得するPathプロパティ

Excel VBAでは、Workbookオブジェクトに用意されているPathプロパティで、ブックの保存先パスを取得することができます。同様にPowerPoint VBAでは、PresentationオブジェクトのPathプロパティで、プレゼンテーションの保存先パスを取得できます。「MsgBox ActivePresentation.Path」を実行すると、アクティブなプレゼンテーションの保存先パスがメッセージボックスに表示されます。

▶ ActivePresentation.Pathの意味

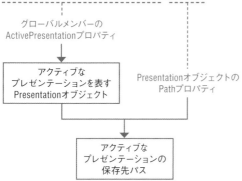

`ActivePresentation.Path`

グローバルメンバーの
ActivePresentationプロパティ

アクティブな
プレゼンテーションを表す
Presentationオブジェクト

Presentationオブジェクトの
Pathプロパティ

アクティブな
プレゼンテーションの
保存先パス

ActivePresentationプロパティで、アクティブなプレゼンテーションを表すPresentationオブジェクトが返されることをイメージして、続いてPresentationオブジェクトのPathプロパティで、プレゼンテーションの保存先パスを取得できることをイメージしてください。

👍 ワンポイント 過度に一般化しないでください

本書では、Excel VBAとの類推からPowerPoint VBAを学習する解説スタイルを多く採用しています。だからといって過度に一般化して、Excel VBAとPowerPoint VBAが、まったく同じなどとは決して思わないでください。

効果的に学習するために、Excel VBAとPowerPoint VBAの似た部分に注目しているに過ぎません。

ExcelとPowerPointは、同じMicrosoft Officeの兄弟ともいえるアプリケーションですから、似ている部分もありますが、言うまでもなく別のアプリケーションです。ですからExcelのオブジェクトとPowerPointのオブジェクトは、実際にはもちろん別のオブジェクトです。似ている部分があるからといって、まったく同じだとは思い込まないようにしてください。

Presentationを確認するSubプロシージャの実行

1 Subプロシージャを作成する `Chapter_3.pptm`

プレゼンテーションの名前と保存先のパスを取得するSubプロシージャを作りましょう。
名前とパスをメッセージボックスに表示するだけなら変数を使う必要はありませんが、 このあと

ActivePresentationの戻り値をローカルウィンドウで確認するために、あえてオブジェクト変数への代入を行っています。

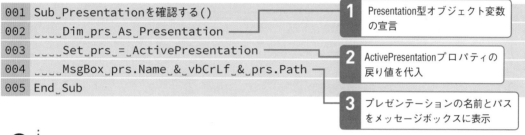

```
001 Sub_Presentationを確認する()
002 ____Dim_prs_As_Presentation
003 ____Set_prs_=_ActivePresentation
004 ____MsgBox_prs.Name_&_vbCrLf_&_prs.Path
005 End_Sub
```

1 Presentation型オブジェクト変数の宣言

2 ActivePresentationプロパティの戻り値を代入

3 プレゼンテーションの名前とパスをメッセージボックスに表示

2 Subプロシージャを実行する

Subプロシージャを実行して、アクティブなプレゼンテーションの名前とパスがメッセージボックスに表示されることを確認します。

1 Subプロシージャ内にカーソルを置いて F5 キーを押して実行

アクティブなプレゼンテーションの名前と、保存先フォルダーのパスがメッセージボックスに表示されました。

NEXT PAGE → 063

Presentationをローカルウィンドウで確認する

1 ローカルウィンドウを表示してステップ実行を開始する

先ほどのSubプロシージャをステップ実行して、
Presentationオブジェクトのデータをローカルウィン
ドウで確認しましょう。ローカルウィンドウを表示

するには、VBEのメニューの [表示] ― ローカルウィ
ンドウ] をクリックします。

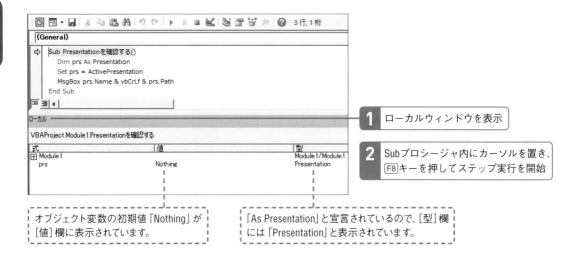

1 ローカルウィンドウを表示

2 Subプロシージャ内にカーソルを置き、F8キーを押してステップ実行を開始

オブジェクト変数の初期値「Nothing」が [値] 欄に表示されています。

「As Presentation」と宣言されているので、[型] 欄には「Presentation」と表示されています。

Point ローカルウィンドウの表示項目

ローカルウィンドウの各列には、以下のような項目が表示されます。

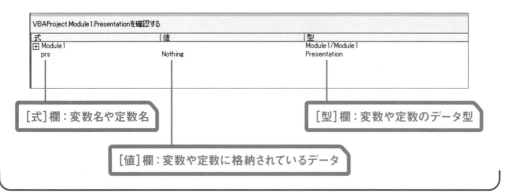

[式] 欄：変数名や定数名

[型] 欄：変数や定数のデータ型

[値] 欄：変数や定数に格納されているデータ

2 ステップ実行を継続する

```
(General)
    Sub Presentationを確認する()
        Dim prs As Presentation
        Set prs = ActivePresentation
⇨       MsgBox prs.Name & vbCrLf & prs.Path
    End Sub
```

1 F8 キーを押してステップ実行を継続

```
ローカル
VBAProject.Module1.Presentationを確認する
式                          値              型
⊞ Module1                                   Module1/Module1
⊞ prs                                       Presentation/Presentation
```

変数に、ActivePresentationプロパティで取得したPresentationオブジェクトの参照情報が代入され、先頭に [+] が表示されました。

「As Presentation」と宣言されていた変数に、Presentation型データの参照情報が代入されたので [型] 欄に「Presentation/Presentation」と表示されました。

ローカルウィンドウは、配列変数やオブジェクト変数のように、複数のデータを格納できる変数の場合、代入が行われると先頭に [+] が表示されます。

3 オブジェクト変数の中身を表示する

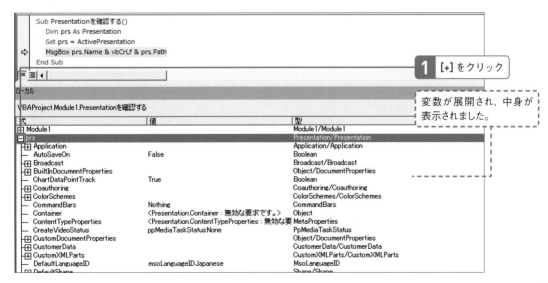

```
    Sub Presentationを確認する()
        Dim prs As Presentation
        Set prs = ActivePresentation
⇨       MsgBox prs.Name & vbCrLf & prs.Path
    End Sub
```

1 [+] をクリック

変数が展開され、中身が表示されました。

```
ローカル
VBAProject.Module1.Presentationを確認する
式                              値                                              型
⊞ Module1                                                                       Module1/Module1
⊟ prs                                                                           Presentation/Presentation
  ⊞ Application                                                                 Application/Application
  — AutoSaveOn                   False                                          Boolean
  ⊞ Broadcast                                                                   Broadcast/Broadcast
  ⊞ BuiltInDocumentProperties                                                   Object/DocumentProperties
  — ChartDataPointTrack          True                                           Boolean
  ⊞ Coauthoring                                                                 Coauthoring/Coauthoring
  ⊞ ColorSchemes                                                                ColorSchemes/ColorSchemes
  — CommandBars                  Nothing                                        CommandBars
  — Container                    <Presentation.Container：無効な要求です。>        Object
  — ContentTypeProperties        <Presentation.ContentTypeProperties：無効な要    MetaProperties
  — CreateVideoStatus            ppMediaTaskStatusNone                          PpMediaTaskStatus
  ⊞ CustomDocumentProperties                                                    Object/DocumentProperties
  ⊞ CustomerData                                                                CustomerData/CustomerData
  ⊞ CustomXMLParts                                                              CustomXMLParts/CustomXMLParts
  — DefaultLanguageID            msoLanguageIDJapanese                          MsoLanguageID
  ⊞ DefaultShape                                                                Shape/Shape
```

NEXT PAGE →

4 Nameプロパティ、Pathプロパティを確認する

1 ローカルウィンドウをスクロール

ローカル

VBAProject.Module1.Presentationを確認する

式	値	型
InMergeMode	False	Boolean
LayoutDirection	ppDirectionLeftToRight	PpDirection
Name	"Chapter_3.pptm"	String
NoLineBreakAfter	"([{｢〔〈《「『【 ￥ $¥[#｢£	String
NoLineBreakBefore	、。, . ・:;？！"'ヽヾゝゞ々"")]]}	String
NotesMaster		Master/Master
PageSetup		PageSetup/PageSetup
Parent		Object/Presentations
Password	"********"	String
PasswordEncryptionAlgorithm	""	String
PasswordEncryptionFileProperties	True	Boolean
PasswordEncryptionKeyLength	0	Long
PasswordEncryptionProvider	""	String
Path	"C:\temp"	String
Permission	<アプリケーション定義またはオブジ	Permission
PrintOptions		PrintOptions/PrintOptions
PublishObjects	<Presentation.PublishObjects : 無効>	PublishObjects
ReadOnly	msoFalse	MsoTriState
RemovePersonalInformation	msoFalse	MsoTriState
Research		Research/Research
Saved	msoTrue	MsoTriState

Nameにプレゼンテーションの名前が表示されています。

Pathに保存先フォルダーのパスが表示されています。

その他の表示項目は、すべてPresentationオブジェクトが持つプロパティで取得できるデータです。[+]の表示されているものがオブジェクトを返すプロパティ、表示されていないものが単なるデータを返すプロパティです。

5 ステップ実行を終了する

確認ができたら、メニューの [実行] ー [リセット] をクリックしてステップ実行を終了します。

👍 ワンポイント ローカルウィンドウでオブジェクト変数を確認する意義

本書では、オブジェクトを理解するためにローカルウィンドウを多用します。

オブジェクトにどのようなプロパティやメソッドが用意されているかは、オブジェクトブラウザーで確認できます。しかし、オブジェクトブラウザーで確認できるのは定義だけです。定義を知っただけではどのようなオブジェクトかを理解できないケースもあります。それを補完するために、本書ではローカルウィンドウを使っ

て実際のデータを確認します。

英和辞書に例えるなら定義に該当するものを確認できるのがオブジェクトブラウザーで、英和辞典の使用例に該当するものを確認するのがローカルウィンドウです。

ちなみに本来のデバッグ時には、熟知しているオブジェクトについては、ローカルウィンドウよりも、ウォッチウィンドウなどを使うほうが効率的なケースも少なくありません。

Lesson 15 ［Presentationオブジェクトのメソッド］
Presentationが持つメソッドについて学習しましょう

**このレッスンの
ポイント**

プロパティに続いて、Presentationオブジェクトに用意されているメソッドを見ましょう。PowerPoint VBAのPresentationオブジェクトには、プロパティと同様Excel VBAのWorkbookオブジェクトに似たメソッドが用意されています。

→ プレゼンテーションを閉じるCloseメソッド

Excel VBAでWorkbookオブジェクトのCloseメソッドを使うと、ブックを閉じることができます。同様に、PresentationオブジェクトのCloseメソッドで、プレ

ゼンテーションを閉じられます。
「ActivePresentation.Close」を実行すると、アクティブなプレゼンテーションが閉じられます。

▶ ActivePresentation.Closeの意味

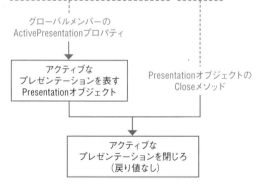

`ActivePresentation.Close`

グローバルメンバーの
ActivePresentationプロパティ

アクティブな
プレゼンテーションを表す
Presentationオブジェクト

Presentationオブジェクトの
Closeメソッド

アクティブな
プレゼンテーションを閉じろ
（戻り値なし）

> Presentationオブジェクトの
> Closeメソッドを実行した場合、保存するかどうかの確認メッセージは表示されません。保存しておきたい場合は、事前にSaveメソッドやSaveAsメソッドを使って保存処理を入れましょう。

NEXT PAGE → 067

➔ 上書き保存するSaveメソッド

Excel VBAでWorkbookオブジェクトのSaveメソッドを使うと、ブックを上書き保存することができます。同様に、PresentationオブジェクトのSaveメソッドで、プレゼンテーションを上書き保存できます。「ActivePresentation.Save」を実行すると、アクティブなプレゼンテーションが上書き保存されます。

▶ ActivePresentation.Saveの意味

`ActivePresentation.Save`

このLessonで見ているClose、Save、SaveAsメソッドは、Lesson 08で確認した何も返さないメソッドです。何も返さないメソッドであることは、次のLessonで、オブジェクトブラウザーを使って確認しましょう。

➔ 名前を付けて保存するSaveAsメソッド

Excel VBAでWorkbookオブジェクトのSaveAsメソッドを使うと、ブックに名前を付けて保存することができます。同様に、PresentationオブジェクトのSaveAsメソッドで、プレゼンテーションに名前を付けて保存できます。「ActivePresentation.SaveAs "C:¥temp¥sample.pptx"」を実行すると、アクティブなプレゼンテーションが、Cドライブのtempフォルダーにsample.pptxとして保存されます。

▶ ActivePresentation.SaveAs "C:¥temp¥sample.pptx"の意味

`ActivePresentation.SaveAs "C:¥temp¥sample.pptx"`

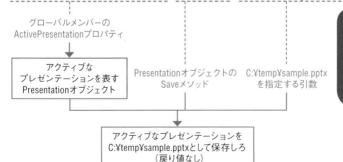

プレゼンテーションを新規に作成するメソッドや、既存のプレゼンテーションを開くメソッドは、Presentationsコレクションに用意されており、Lesson 19で学習します。

Lesson
16

[Presentationオブジェクトの確認]

Presentationオブジェクトを
オブジェクトブラウザーで確認しましょう

このレッスンの
ポイント

ActivePresentationプロパティで取得できるPresentationオブジェクトが、Excel VBAのWorkbookオブジェクトと似ていることを感じているはずです。ここまで学習してきた内容を、オブジェクトブラウザーを使って確認しましょう。

● ActivePresentationプロパティを確認する

1 オブジェクトブラウザーを表示する

Lesson 14で作成したSubプロシージャのコードを、オブジェクトブラウザーを使って読解していきましょう。

「Set prs = ActivePresentation」に登場する、グローバルメンバーのActivePresentationプロパティの確認から始めます。

1 F2キーを押してオブジェクトブラウザーを表示

▶ Lesson 14で作成したSubプロシージャ

```
001  Sub_Presentationを確認する()
002  ____Dim_prs_As_Presentation
003  ____Set_prs_=_ActivePresentation … グローバルなActivePresentationプロパティを使用
004  ____MsgBox_prs.Name_&_vbCrLf_&_prs.Path
            ……… Presentation.Nameプロパティ、Pathプロパティを使用
005  End_Sub
```

NEXT PAGE →

2 PowerPointライブラリを選択する

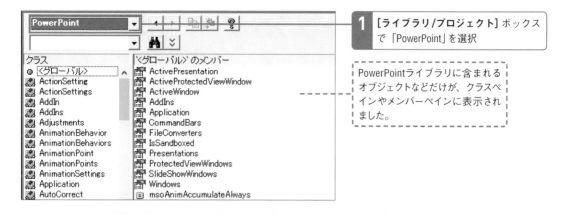

1 [ライブラリ/プロジェクト] ボックスで「PowerPoint」を選択

PowerPointライブラリに含まれるオブジェクトなどだけが、クラスペインやメンバーペインに表示されました。

プログラミング言語VBAと、VBAによって操作されるアプリケーションの区別ができていない方もいるため（P.53のワンポイント参照）、本書では [ライブラリ/プロジェクト] ボックスで「PowerPoint」を選択する操作を何度か行います。

3 PowerPointライブラリー ＜グローバル＞を確認する

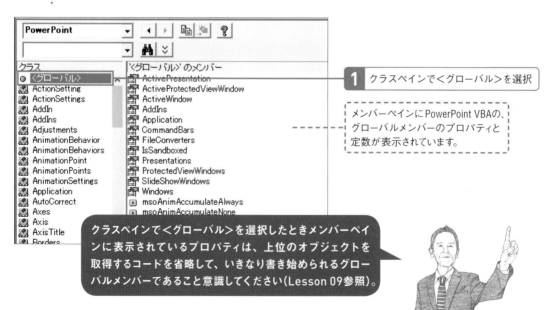

1 クラスペインで＜グローバル＞を選択

メンバーペインにPowerPoint VBAの、グローバルメンバーのプロパティと定数が表示されています。

クラスペインで＜グローバル＞を選択したときメンバーペインに表示されているプロパティは、上位のオブジェクトを取得するコードを省略して、いきなり書き始められるグローバルメンバーであること意識してください（Lesson 09参照）。

4 ＜グローバル＞－ActivePresentationを確認する

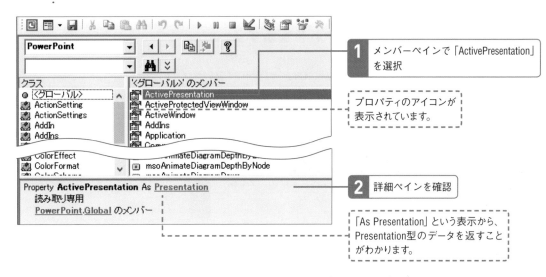

1 メンバーペインで「ActivePresentation」を選択

プロパティのアイコンが表示されています。

2 詳細ペインを確認

「As Presentation」という表示から、Presentation型のデータを返すことがわかります。

ここまでの操作で、コード「Set prs = ActivePresentation」が確認できました。Presentationがどのようなオブジェクトであるのかはこのあと確認します。

ワンポイント Excel VBAのActiveWorkbookもグローバルメンバー

Excel VBAで「ActiveWorkbook」といきなり書き始められるのも、ActiveWorkbookプロパティがExcel VBAのグローバルメンバーだからです。
ExcelのVBEでオブジェクトブラウザーを表示して、

［ライブラリ/プロジェクト］ボックスで「Excel」を選択し、グローバルメンバーにActiveWorkbookプロパティが存在することを、確認してみましょう。

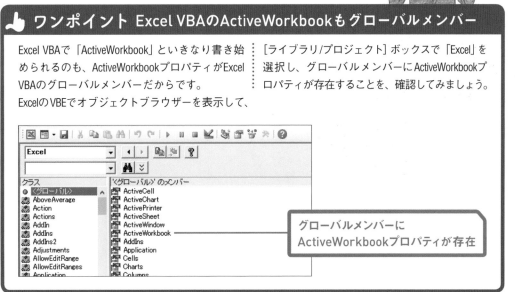

グローバルメンバーにActiveWorkbookプロパティが存在

NEXT PAGE ➔

● Presentationのプロパティを確認する

1 Presentationオブジェクトを表示する

ActivePresentationプロパティで取得できるPresentationが、どのようなオブジェクトなのかを確認しましょう。

詳細ペインのリンクからPresentationオブジェクトを表示します。

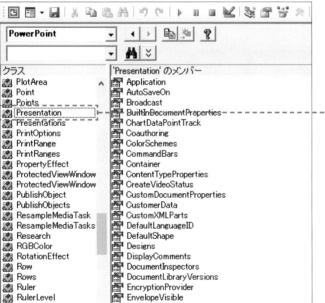

1 Asの後ろの「Presentation」リンクをクリック

クラスペインで「Presentation」が選択されます。

Presentationオブジェクトには、たくさんのプロパティやメソッドが用意されていることがわかります。このあと、特徴的なプロパティとメソッドを確認します。

2 Presentation.Nameを確認する

Lesson 14で作成したSubプロシージャのコード 「MsgBox prs.Name & vbCrLf & prs.Path」に登場するNameプロパティを確認します。

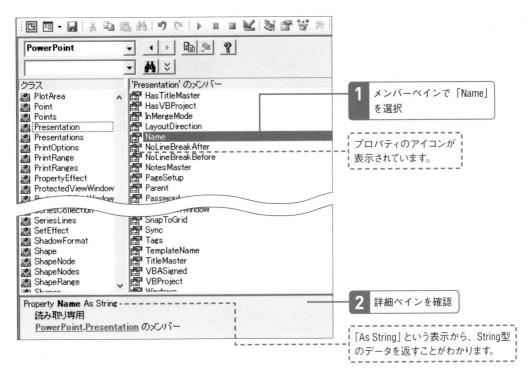

1 メンバーペインで「Name」を選択

プロパティのアイコンが表示されています。

2 詳細ペインを確認

「As String」という表示から、String型のデータを返すことがわかります。

ここで確認したのは、Presentation.Nameプロパティの定義です。このように、定義されているPresentation.Nameプロパティが返す実際のデータは、Lesson 14の実習で行ったローカルウィンドウを使ったオブジェクト変数の中身を見る操作で確認できます。

3 | Presentation.Pathプロパティを確認する

同様に、Pathプロパティも確認します。

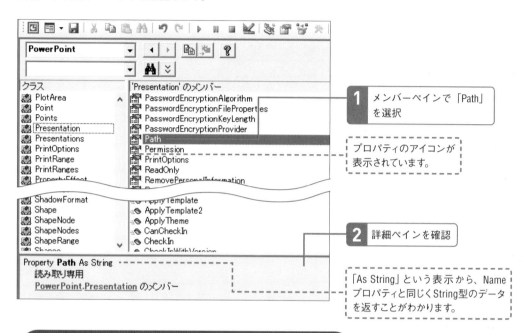

1 メンバーペインで「Path」を選択

プロパティのアイコンが表示されています。

2 詳細ペインを確認

「As String」という表示から、Nameプロパティと同じくString型のデータを返すことがわかります。

ここまでの操作で「Set prs = ActivePresentation」「MsgBox prs. Name & vbCrLf & prs.Path」に登場する、すべてのプロパティと戻り値を確認できました。その他に気になるプロパティがあれば、メンバーペインで選択して詳細ペインを確認してください。

👍 ワンポイント Excel VBAのWorkbook.Nameプロパティ、Pathプロパティ

Excel VBAのWorkbook.NameプロパティとPathプロパティも、String型のデータを返す点で、Power

Point VBAのNameプロパティとPathプロパティによく似ています。

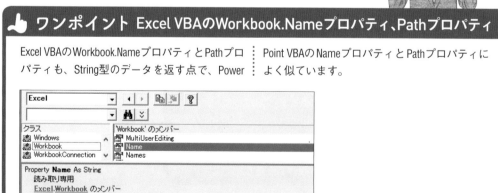

Chapter 3 プレゼンテーションを表すオブジェクトを学ぼう

● Presentationのメソッドを確認する

1 Presentation.Closeメソッドを確認する

Lesson 15で学習した、Presentationオブジェクト　ザーで確認しましょう。
に用意されているメソッドを、オブジェクトブラウ

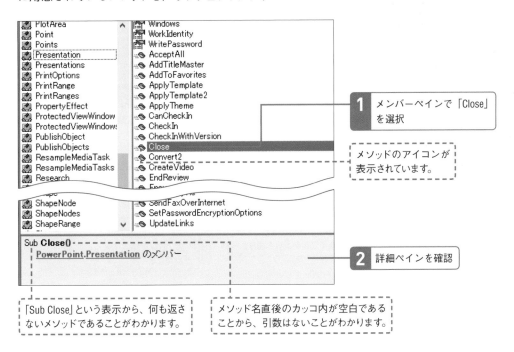

1 メンバーペインで「Close」を選択

メソッドのアイコンが表示されています。

Sub Close()
PowerPoint.Presentation のメンバー

2 詳細ペインを確認

「Sub Close」という表示から、何も返さないメソッドであることがわかります。

メソッド名直後のカッコ内が空白であることから、引数はないことがわかります。

👍 ワンポイント Excel VBAのWorkbook.Closeメソッド

Excel VBAのWorkbook.Closeメソッドの場合、省略可能な SaveChanges、Filename、RouteWorkbookと　いった引数を指定できる点が、PowerPoint VBAのPresentation.Closeメソッドとは異なります。

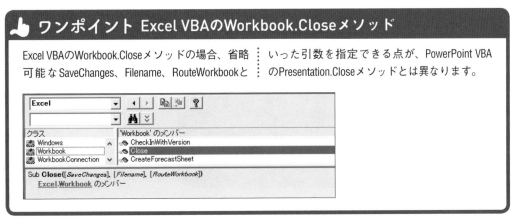

2 | Presentation.SaveAsメソッドを確認する

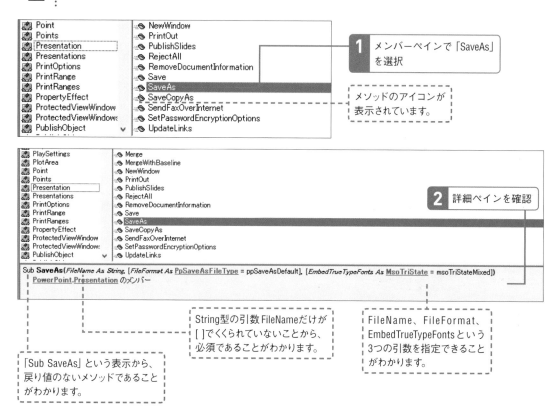

1 メンバーペインで「SaveAs」
を選択

メソッドのアイコンが
表示されています。

2 詳細ペインを確認

Sub **SaveAs**(*FileName As String*, [*FileFormat As* PpSaveAsFileType = ppSaveAsDefault], [*EmbedTrueTypeFonts As* MsoTriState = msoTriStateMixed])
PowerPoint.Presentation のメンバー

String型の引数FileNameだけが
[ ]でくくられていないことから、
必須であることがわかります。

FileName、FileFormat、
EmbedTrueTypeFontsという
3つの引数を指定できること
がわかります。

「Sub SaveAs」という表示から、
戻り値のないメソッドであること
がわかります。

Lesson 15でお伝えしたSaveメソッドも、同じように確
認してください。Presentationオブジェクトに用意されて
いるプロパティ、メソッドの確認を繰り返すことで、
Presentationオブジェクトの理解は少しずつ深まってい
きます。

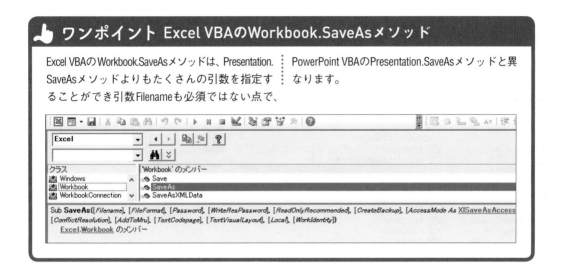

ワンポイント Excel VBAのWorkbook.SaveAsメソッド

Excel VBAのWorkbook.SaveAsメソッドは、Presentation.
SaveAsメソッドよりもたくさんの引数を指定す
ることができ引数Filenameも必須ではない点で、

PowerPoint VBAのPresentation.SaveAsメソッドと異
なります。

● Application.ActivePresentationを確認する

1 Applicationオブジェクトを選択する

Lesson 13で、ActivePresentationプロパティは、Power
Point VBAの最上位オブジェクトであるApplicationオブ
ジェクトにも用意されていることをお伝えしました。オ

ブジェクトブラウザーでApplicationオブジェクトの
ActivePresentationプロパティを確認しましょう。

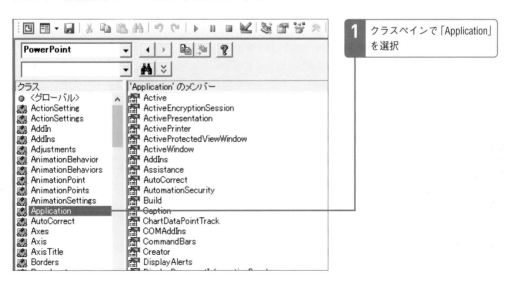

> **1** クラスペインで「Application」
> を選択

2 Application.ActivePresentationを確認する

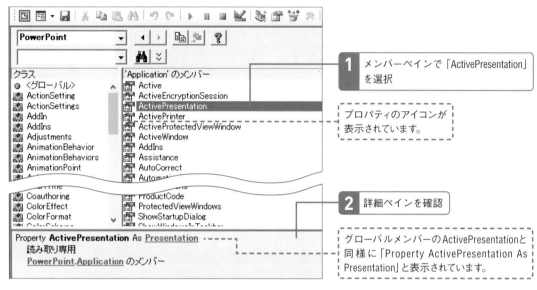

1 メンバーペインで「ActivePresentation」を選択

プロパティのアイコンが表示されています。

2 詳細ペインを確認

グローバルメンバーのActivePresentationと同様に「Property ActivePresentation As Presentation」と表示されています。

このようにActivePresentationプロパティはApplicationオブジェクトに用意されていますが、先に確認したとおりグローバルなメンバーであるため、いきなり「ActivePresentation」と書き始められるわけです。

👍 ワンポイント コードに書かれるApplicationもプロパティ

「Application.ActivePresentation」の「Application」を、Applicationオブジェクトの名前と考えてしまう方がいますが、実行文に書かれている「Application」はApplicationオブジェクトを返すApplicationプロパティの「Application」です。

コードウィンドウで「app」まで入力して[Ctrl]+[J]キーを押して表示されるアイコンを確認すると、プロパティであることを確認できます。

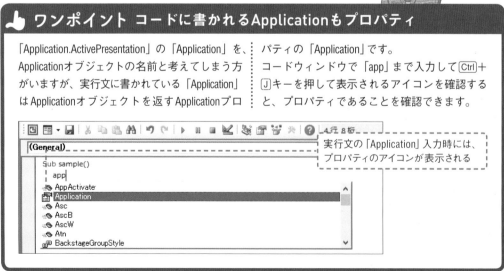

実行文の「Application」入力時には、プロパティのアイコンが表示される

Lesson 17

[Presentationsコレクション]

Presentationsについて学習しましょう

このレッスンの
ポイント

前のLessonまでは、単独のプレゼンテーションを表すPresentationオブジェクトについて学習してきました。このChapterの残りのLessonでは、開いている全プレゼンテーションを表すPresentationsコレクションを見ていきます。

Presentationsコレクションは全プレゼンテーションを表す

Excel VBAではWorkbooksプロパティで、開いているすべてのブックを表すWorkbooksコレクションを取得することができます。

同様にPowerPoint VBAではPresentationsプロパティで、開いているすべてのプレゼンテーションを表すPresentationsコレクションを取得できます。

▶ PresentationsコレクションとPresentationオブジェクトのイメージ

開いている全プレゼンテーションを表すPresentationsコレクション

プレゼンテーション1を表す
Presentationオブジェクト

プレゼンテーション2を表す
Presentationオブジェクト

Presentationsもグローバルなプロパティ

Presentationsプロパティは Applicationオブジェクトに用意されているため、「Application.Presentations」と書くことができます。しかしPresentationsも、Lesson 13で学習した ActivePresentationと同じくグ

ローバルメンバーに該当するため、「Application.」は省略して、いきなり「Presentations」と書き始めるのが一般的です（Lesson 02、09参照）。

▶ オブジェクトブラウザーでグローバルなPresentationsを確認できる

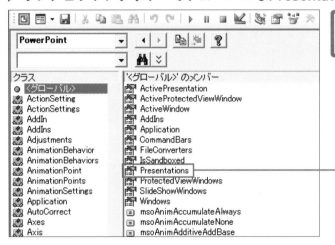

グローバルメンバーの
Presentationsプロパティ

Lesson 20で、グローバルメンバーのPresentationsプロパティをオブジェクトブラウザーで確認しましょう。

Presentationsが持つプロパティやメソッドは少ない

コレクションに用意されているプロパティやメソッドは、コレクションに含まれる単独のオブジェクトが持つプロパティやメソッドよりも、少ないのが一般的です。
Presentationsコレクションに用意されているプロパ

ティやメソッドも、Presentationオブジェクトよりも少なくなっています。特にプロパティについては、Application、Parent、Countという最低限の3つしか用意されていません。

➔ PresentationsはCountプロパティやItemメソッドを持つ

Presentationsはコレクションですから、Lesson 10
で確認したとおり、CountプロパティとItemメソッド
が用意されています。
Excel VBAで「MsgBox Workbooks.Count」を実行す
ると、開いているブックの数がメッセージボックス

に表示されるのと同様、PowerPoint VBAで「MsgBox
Presentations.Count」を実行すると、開いているプ
レゼンテーションの数がメッセージボックスに表示
されます。
Itemメソッドについては次のLessonで学習します。

▶ Presentations.Countの意味

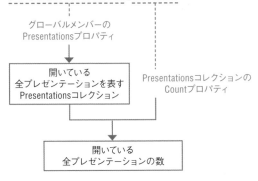

`Presentations.Count`

グローバルメンバーの
Presentationsプロパティ

開いている
全プレゼンテーションを表す
Presentationsコレクション

Presentationsコレクションの
Countプロパティ

開いている
全プレゼンテーションの数

Presentationsプロパティで、開いている全プ
レゼンテーションを表すPresentationsコレク
ションを取得し、取得したPresentationsコレ
クションのCountプロパティで、Presentation
オブジェクトの数を取得していることをイメージ
しましょう。

👍 ワンポイント　WorkbooksのプロパティやメソッドもWorkbookより少ない

コレクションが持つプロパティやメソッドは、
コレクションに含まれる単独のオブジェクトが
持つプロパティやメソッドよりも、一般的に少
ないのはExcel VBAでも同じです。
Excel VBAのWorkbooksコレクションに用意されて

いるプロパティやメソッドは、単独のWorkbook
オブジェクトよりもかなり少なくなっています。
ExcelのVBEでオブジェクトブラウザーを表示し
確認してみてください。

⬤ Presentationsを確認するSubプロシージャの実行

1 Subプロシージャを作成する   `Chapter_3.pptm`

Presentationsコレクションの数を取得するSubプロシージャを作りましょう。

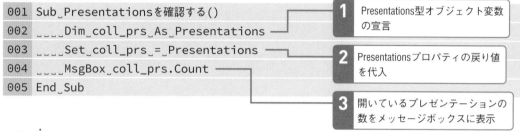

```
001  Sub_Presentationsを確認する()
002  ____Dim_coll_prs_As_Presentations
003  ____Set_coll_prs_=_Presentations
004  ____MsgBox_coll_prs.Count
005  End_Sub
```

1 Presentations型オブジェクト変数
の宣言

2 Presentationsプロパティの戻り値
を代入

3 開いているプレゼンテーションの
数をメッセージボックスに表示

2 Subプロシージャを実行する

Subプロシージャを実行して、開いているプレゼン ⋮ ことを確認します。
テーションの数がメッセージボックスに表示される

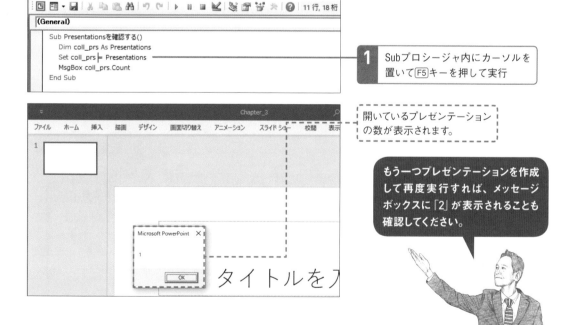

1 Subプロシージャ内にカーソルを
置いて F5 キーを押して実行

開いているプレゼンテーション
の数が表示されます。

もう一つプレゼンテーションを作成
して再度実行すれば、メッセージ
ボックスに「2」が表示されることも
確認してください。

● Presentationsをローカルウィンドウで確認する

1 ローカルウィンドウを表示してステップ実行を開始する

先ほどのSubプロシージャをステップ実行して、 ンドウで確認しましょう。
Presentationsコレクションのデータをローカルウィ

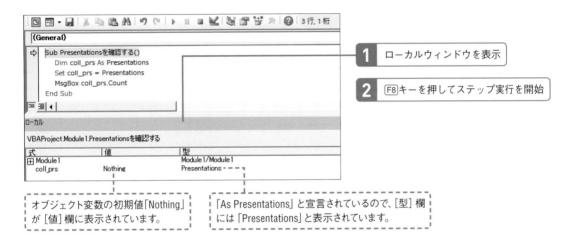

1 ローカルウィンドウを表示

2 F8キーを押してステップ実行を開始

オブジェクト変数の初期値「Nothing」
が［値］欄に表示されています。

「As Presentations」と宣言されているので、［型］欄
には「Presentations」と表示されています。

2 ステップ実行を継続する

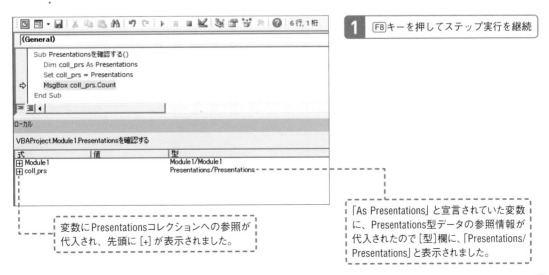

1 F8キーを押してステップ実行を継続

変数にPresentationsコレクションへの参照が
代入され、先頭に［+］が表示されました。

「As Presentations」と宣言されていた変数
に、Presentations型データの参照情報が
代入されたので［型］欄に、「Presentations/
Presentations」と表示されました。

3 オブジェクト変数の中身を表示する

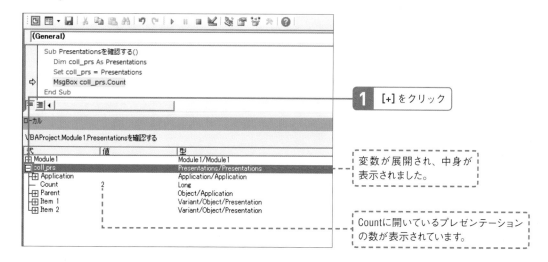

1 [+] をクリック

変数が展開され、中身が
表示されました。

Countに開いているプレゼンテーション
の数が表示されています。

この例は、プレゼンテーションを2つ開いた
状態でステップ実行しているため、Countに
「2」と表示されています。

4 ステップ実行を終了する

確認ができたら、メニューの [実行] - [リセット] をクリックしてステップ実行を終了します。

18 [PresentationsコレクションのItemメソッド]
PresentationsからPresentation を取得するコードを理解しましょう

このレッスンの
ポイント

アクティブなPresentationを取得するActivePresentationプロパティについて、Lesson 13で学習しました。PresentationsコレクションのItemメソッドを使うと、インデックス番号やファイル名を指定してアクティブではないPresentationも取得できます。

→ インデックス番号でPresentationオブジェクトを取得する

Excel VBAではWorkbooksの引数にインデックス番号を指定すると、ブックを表すWorkbookオブジェクトを取得できます。同様にPowerPoint VBAでは、Presentationsの引数にインデックス番号を指定することで、1つのプレゼンテーションを表すPresentationオブジェクトを取得できます（存在しないインデックス番号が指定された場合は実行時エ

ラーが発生します）。

「Presentations(1)」で最初に開かれたプレゼンテーションを表すPresentationオブジェクトを取得でき、「MsgBox Presentations(1).Name」を実行すると、最初に開かれたプレゼンテーションの名前がメッセージボックスに表示されます。

▶ 取得できるPresentationオブジェクトのイメージ

開いている全プレゼンテーションを表すPresentationsコレクション

Presentations(1)で取得できる
Presentationオブジェクト

Presentations(2)で取得できる
Presentationオブジェクト

⊙ Presentations(1)はPresentations.Item(1)の省略形

Lesson 10で確認したとおり「Presentations(1)」は、コレクションから単独のオブジェクトを取得するItemメソッドを省略した書き方ですから、「Presentations.Item(1)」と書くこともできます。

通常は「Presentattons(1)」と書いて構いませんが、Itemメソッドを省略しない「Presentations.Item(1)」という書き方にも慣れておきましょう。

▶ Presentations.Item(1)の意味

`Presentations.Item (1)`

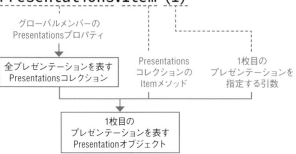

Presentationsプロパティが
Presentationsコレクションを
返すことをイメージし、続いて
Presentationsコレクションの
Itemメソッドが、最初に開い
たPresentationを返すことを
イメージしましょう。

⊙ ファイル名でPresentationオブジェクトを取得できる

Excel VBAではWorkbooksの引数にファイル名を指定すると、ブックを表すWorkbookオブジェクトを取得できます。同様にPowerPoint VBAでは、Presentationsの引数にファイル名を「Presentations("sample.pptx")」のように指定することでsample.pptxプレゼ

ンテーションを表すPresentationオブジェクトを取得できます。「Presentations("sample.pptx")」も、コレクションから単独のオブジェクトを取得するItemメソッドを省略せず、「Presentations.Item("sample.pptx")」と書くことができます。

▶ Presentations.Item("sample.pptx")の意味

`Presentations.Item("sample.pptx")`

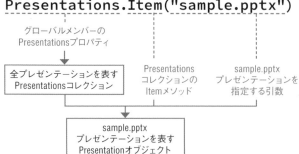

sample.pptxが開かれていないと
きに、このコードが実行されると実
行時エラーが発生します。プレゼ
ンテーションを開くメソッドは次の
Lessonで学習します。

● Presentations.Itemを確認するSubプロシージャの実行

1 Subプロシージャを作成する `Chapter_3.pptm`

PresentationsコレクションのItemメソッドでPre　作りましょう。
sentationオブジェクトを取得するSubプロシージャを

```
001  Sub PresentationsのItemを確認する()
002      Dim prs As Presentation
003      Set prs = Presentations.Item(1)
004      MsgBox prs.Name & vbCrLf & prs.Path
005  End Sub
```

1 Presentation型オブジェクト変数の宣言

2 Presentations.Itemメソッドの戻り値を代入

3 プレゼンテーションの名前とパスをメッセージボックスに表示

2 Subプロシージャを実行する

Subプロシージャを実行して、最初に開かれたプレ　に表示されることを確認します。
ゼンテーションの名前とパスがメッセージボックス

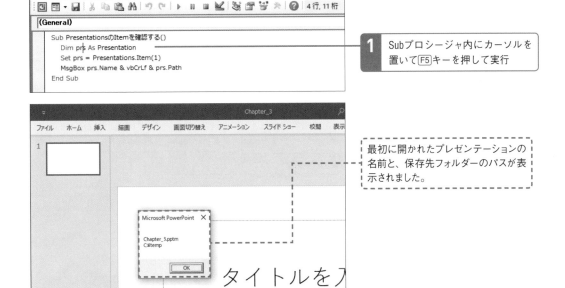

1 Subプロシージャ内にカーソルを置いて[F5]キーを押して実行

最初に開かれたプレゼンテーションの名前と、保存先フォルダーのパスが表示されました。

NEXT PAGE ➡ | 087

● Presentations.Itemの戻り値をローカルウィンドウで確認する

1 ローカルウィンドウを表示してステップ実行を開始する

先ほどのSubプロシージャをステップ実行し、Presentationオブジェクトを確認しましょう。

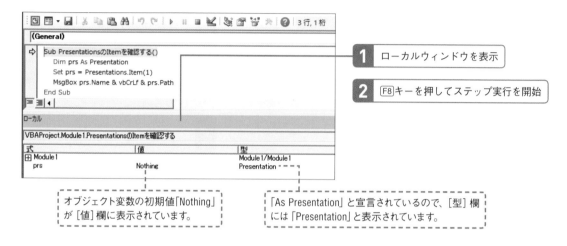

1 ローカルウィンドウを表示

2 F8 キーを押してステップ実行を開始

オブジェクト変数の初期値「Nothing」が[値]欄に表示されています。

「As Presentation」と宣言されているので、[型]欄には「Presentation」と表示されています。

2 ステップ実行を継続する

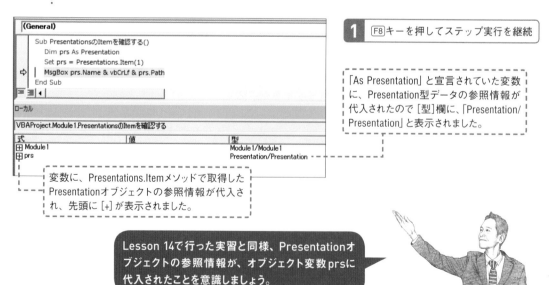

1 F8 キーを押してステップ実行を継続

「As Presentation」と宣言されていた変数に、Presentation型データの参照情報が代入されたので[型]欄に、「Presentation/Presentation」と表示されました。

変数に、Presentations.Itemメソッドで取得したPresentationオブジェクトの参照情報が代入され、先頭に[+]が表示されました。

> Lesson 14で行った実習と同様、Presentationオブジェクトの参照情報が、オブジェクト変数prsに代入されたことを意識しましょう。

3 オブジェクト変数の中身を表示する

1 [+]をクリック

変数が展開され、中身が
表示されました。

Nameにプレゼンテーションの
名前が表示されています。

Pathに保存先フォルダーの
パスが表示されています。

4 ステップ実行を終了する

確認ができたら、メニューの [実行] − [リセット] をクリックしてステップ実行を終了します。

Lesson 19 [Presentationsコレクションのメソッド]
プレゼンテーションを作成、開くメソッドを学習しましょう

**このレッスンの
ポイント**

Presentationオブジェクトが持つメソッドを、Lesson 15で学習しました。プレゼンテーションを新規に作成したり、既存のプレゼンテーションを開いたりするメソッドは、Presentationsコレクションに用意されています。

→ 新規にプレゼンテーションを作成するAddメソッド

Excel VBAでWorkbooksコレクションのAddメソッドを使うと、新規にブックを作成することができます。同様にPowerPoint VBAでは、PresentationsコレクションのAddメソッドで、新規プレゼンテーションを作成できます。
PresentationsコレクションのAddメソッドは、Lesson 08で確認したオブジェクトを返すメソッドに該当し、新規に作成されたプレゼンテーションを表すPresentationオブジェクトを返します。
「Set オブジェクト変数 = Presentations.Add」を実行すると、新規にプレゼンテーションが作成され、オブジェクト変数に作成されたプレゼンテーションを表すPresentationオブジェクトが代入されます。

▶ Presentations.Addの意味

Presentations.Add

グローバルメンバーの
Presentationsプロパティ

全プレゼンテーションを表す
Presentationコレクション

Presentationsコレクションの
Addメソッド

全プレゼンテーションを表す
Presentationsコレクションに
新しいプレゼンテーションを追加しろ
（戻り値はPresentationオブジェクト）

Presentations.Addメソッドを実行すると、新規に作成されたプレゼンテーションを表すPresentationオブジェクトを返すことをイメージしてください。

➔ 既存のプレゼンテーションを開くOpenメソッド

Excel VBAでWorkbooksコレクションのOpenメソッドを使うと既存のブックを開くことができます。
同様にPowerPoint VBAでは、Presentationsコレクションに用意されているOpenメソッドで既存のプレゼンテーションを開けます。
PresentationsコレクションのOpenメソッドは、開い

ているプレゼンテーションを表すPresentationオブジェクトを返します（Presentations.Addメソッド同様、Lesson 08で確認したオブジェクトを返すメソッドに該当します）。「Presentations.Open "C:¥temp¥sample.pptx"」を実行すると、Cドライブのtempフォルダーに存在するsample.pptxが開かれます。

▶ Presentations.Open "C:¥temp¥sample.pptx"の意味

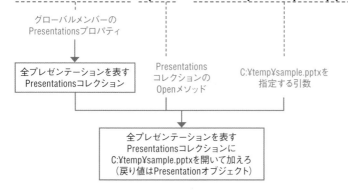

```
Presentations.Open "C:¥temp¥sample.pptx"
```

グローバルメンバーの
Presentationsプロパティ

全プレゼンテーションを表す
Presentationsコレクション

Presentations
コレクションの
Openメソッド

C:¥temp¥sample.pptxを
指定する引数

全プレゼンテーションを表す
Presentationsコレクションに
C:¥temp¥sample.pptxを開いて加えろ
（戻り値はPresentationオブジェクト）

👍 ワンポイント 引数を括るカッコのルールはExcel VBAと同じ

Presentations.Openのように戻り値のあるメソッドなどで、引数をカッコで括るか否かはVBAのルールですから、もちろんExcel VBAと同じです。
戻り値を、使わない場合にはカッコで括る必要はなく、使う場合には引数をカッコで括らなければなりません。
Cドライブのtempフォルダーに存在するsample.pptxを開くだけならば、上図のように引数をカッコで括る必要はありませんが、戻り値を変数

に代入するなど使う場合には、「Set prs = Presentations.Open("C:¥temp¥sample.pptx")」のように引数をカッコで括ってください。
With文にする場合も「With Presentations.Open("C:¥temp¥sample.pptx")」のように書く必要があります。
コレクションのAdd系メソッドで引数をカッコで括る具体例は、Lesson 29、39などの実習で確認しましょう。

Chapter 3

プレゼンテーションを表すオブジェクトを学ぼう

NEXT PAGE ➔ | 091

● Presentations.Addを確認するSubプロシージャの実行

1 Subプロシージャを作成する   Chapter_3.pptm

新規にプレゼンテーションを作成するSubプロシージャを作りましょう。

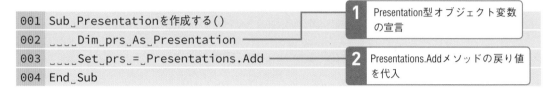

```
001 Sub_Presentationを作成する()
002 ____Dim_prs_As_Presentation
003 ____Set_prs_=_Presentations.Add
004 End_Sub
```

1 Presentation型オブジェクト変数の宣言

2 Presentations.Addメソッドの戻り値を代入

2 Subプロシージャを実行する

Subプロシージャを実行して、新しいプレゼンテーションが作成・表示されることを確認します。

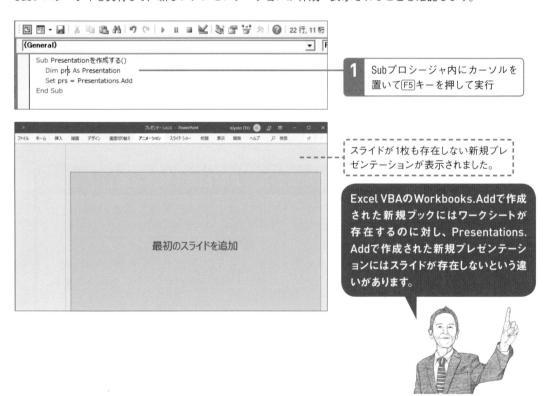

1 Subプロシージャ内にカーソルを置いて F5 キーを押して実行

スライドが1枚も存在しない新規プレゼンテーションが表示されました。

Excel VBAのWorkbooks.Addで作成された新規ブックにはワークシートが存在するのに対し、Presentations.Addで作成された新規プレゼンテーションにはスライドが存在しないという違いがあります。

● Presentations.Addの戻り値をローカルウィンドウで確認する

1 ローカルウィンドウを表示してステップ実行を開始する

先ほどのSubプロシージャをステップ実行して、Presentations.AddメソッドがPresentationオブジェク トを返す様子を、ローカルウィンドウで確認しましょう。

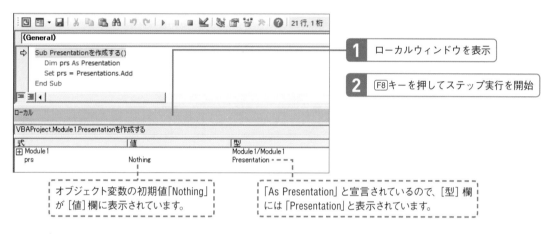

1 ローカルウィンドウを表示

2 F8キーを押してステップ実行を開始

オブジェクト変数の初期値「Nothing」が [値] 欄に表示されています。

「As Presentation」と宣言されているので、[型] 欄には「Presentation」と表示されています。

2 ステップ実行を継続する

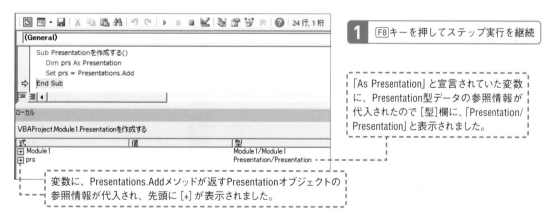

1 F8キーを押してステップ実行を継続

「As Presentation」と宣言されていた変数に、Presentation型データの参照情報が代入されたので [型]欄に、「Presentation/Presentation」と表示されました。

変数に、Presentations.Addメソッドが返すPresentationオブジェクトの参照情報が代入され、先頭に [+] が表示されました。

3 ステップ実行を終了する

確認ができたら、メニューの [実行] - [リセット] をクリックしてステップ実行を終了します。

Lesson 20

[Presentationsコレクションの確認]

Presentationsコレクションをオブジェクトブラウザーで確認しましょう

このレッスンのポイント

Lesson 16ではActivePresentationプロパティとPresentationオブジェクトを、オブジェクトブラウザーで確認しました。同じように、Lesson 17〜19で学習した、PresentationsプロパティやPresentationsコレクションを確認しましょう。

グローバルなPresentationsプロパティを確認する

1 ＜グローバル＞−Presentationsプロパティの確認

Lesson 17で作成したSubプロシージャを、オブジェクトブラウザーを使って読解しましょう。

コード「Set coll_prs = Presentations」に登場する、

グローバルメンバーのPresentationsプロパティの確認から始めます。

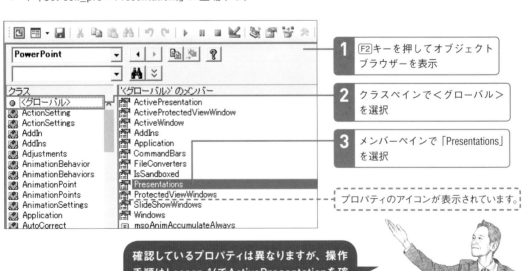

1 F2キーを押してオブジェクトブラウザーを表示

2 クラスペインで＜グローバル＞を選択

3 メンバーペインで「Presentations」を選択

プロパティのアイコンが表示されています。

確認しているプロパティは異なりますが、操作手順はLesson 16でActivePresentationを確認したときと、同じです。

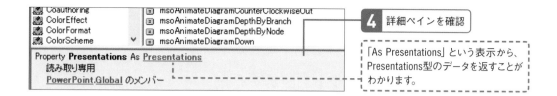

「As Presentations」という表示から、Presentations型のデータを返すことがわかります。

4 詳細ペインを確認

▶ Lesson 17で作成したSubプロシージャ

```
001  Sub_Presentationsを確認する()
002  ____Dim_coll_prs_As_Presentations
003  ____Set_coll_prs_=_Presentations
              ············· グローバルなPresentationsプロパティを使用
004  ____MsgBox_coll_prs.Count············· Presentations.Countプロパティを使用
005  End_Sub
```

ワンポイント Applicationオブジェクトの Presentationsプロパティ

Lesson 16で、ActivePresentation プロパティが Applicationオブジェクトにもあることを確認しました。同じようにPresentationsプロパティが、Applicationオブジェクトにも用意されていることを確認してください。

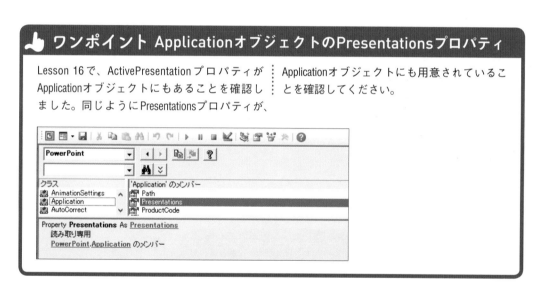

● Presentationsコレクションを確認する

1 Presentationsオブジェクトを表示する

続いて、Presentationsプロパティが返すPresentationsオブジェクトを確認します。

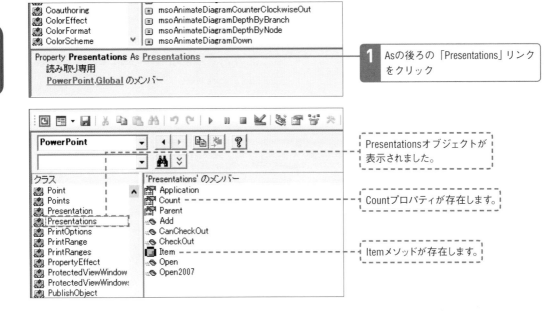

1 Asの後ろの「Presentations」リンク をクリック

Presentationsオブジェクトが 表示されました。

Countプロパティが存在します。

Itemメソッドが存在します。

> CountプロパティとItemメソッドが存在すること から、Presentationsオブジェクトがコレクション であることが推測できます。

👍 ワンポイント オブジェクトがコレクションであるかどうかの判断

CountプロパティとItemが存在していれば、その オブジェクトがコレクションであると、おおむ ね判断できますが、厳密にはFor Each〜Next文で 処理可能なことを確認する必要があります。

For Each〜Next文による確認ではじめて判断でき る、ItemメソッドもItemプロパティもないコレ クションが、まれに存在します。

2 Presentations.Countプロパティを確認する

Lesson 17で作成したSubプロシージャのコード 「MsgBox coll_prs.Count」に登場する、Presentations

コレクションのCountプロパティを確認します。

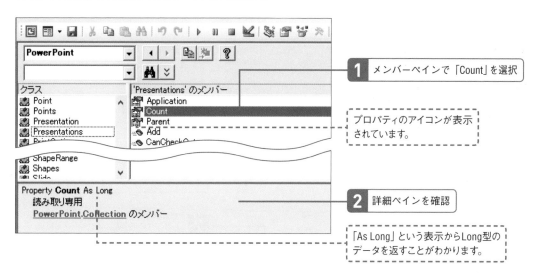

1 メンバーペインで「Count」を選択

プロパティのアイコンが表示されています。

2 詳細ペインを確認

「As Long」という表示からLong型のデータを返すことがわかります。

ここまでの操作でLesson 17で作成したSubプロシージャのコード「Set coll_prs = Presentations」「MsgBox coll_prs.Count」に登場するすべてのプロパティを、オブジェクトブラウザーで確認できました。

👍 ワンポイント Excel VBAのWorkbooks.Count

Excel VBAの Workbooks.Count プロパティも、Long型のデータを返す点で、PowerPoint VBAの Presentations.Count プロパティに似ています。

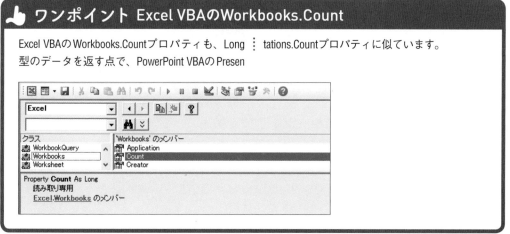

3 Presentations.Itemメソッドを確認する

Lesson 18で作成したSubプロシージャのコード「Set ⋮ コレクションのItemメソッドを確認しましょう。
prs = Presentations.Item(1)」に登場する、Presentations

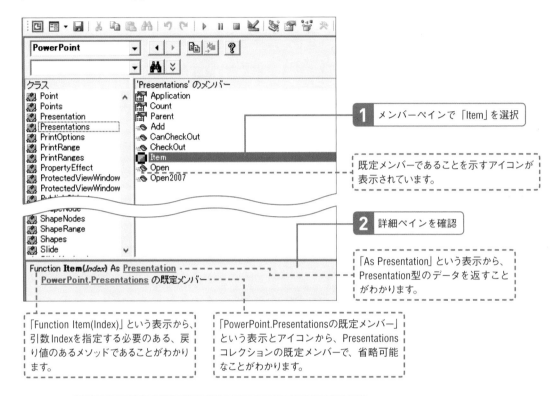

1 メンバーペインで「Item」を選択

既定メンバーであることを示すアイコンが
表示されています。

2 詳細ペインを確認

「As Presentation」という表示から、
Presentation型のデータを返すこと
がわかります。

「Function Item(Index)」という表示から、
引数Indexを指定する必要のある、戻
り値のあるメソッドであることがわかり
ます。

「PowerPoint.Presentationsの既定メンバー」
という表示とアイコンから、Presentations
コレクションの既定メンバーで、省略可能
なことがわかります。

Lesson 16で、ActivePresentationの詳細ペインのリンクから
Presentationオブジェクトを表示したのと同様、Asの後ろの
「Presentation」リンクをクリックすれば、Presentationオブジェ
クトを表示できます。

▶ Lesson 18で作成したSubプロシージャ

```
001 Sub_PresentationsのItemを確認する()
002 ____Dim_prs_As_Presentation
003 ____Set_prs_=_Presentations.Item(1) ···Presentations.Itemメソッドを使用
004 ____MsgBox_prs.Name_&_vbCrLf_&_prs.Path
005 End_Sub
```

ワンポイント Excel VBAのWorkbooksはItemと同じ形の既定メンバーを別に持つ

PowerPoint VBA の Presentations に似た、Excel VBA の Workbooks の場合も、「Workbooks(1)」「Workbooks.Item(1)」いずれのコードでも、最初に開かれたブックを表す Workbook オブジェクトを取得できます。　形としては PowerPoint VBA の「Presentations(1)」「Presentations.Item(1)」と同じですが、Excel VBA の Workbooks の場合、Item が既定メンバーになっているわけではありません。オブジェクトブラウザーでは非表示になってい

る_Default という、Item と同じ引数を指定でき、同じ戻り値を返すプロパティが存在し（非表示のメンバーを表示する操作は Lesson 12参照）、Workbooks コレクションの既定メンバーとして定義されています。

なお、Excel VBA の場合、コレクションから単独のオブジェクトを取得する Item は、Workbooks に限らず、メソッドではなくプロパティとして定義されているケースが多くなっています。

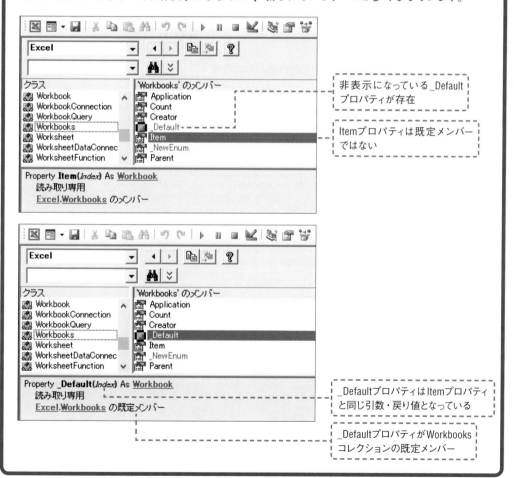

非表示になっている_Default プロパティが存在

Itemプロパティは既定メンバーではない

_DefaultプロパティはItemプロパティと同じ引数・戻り値となっている

_DefaultプロパティがWorkbooksコレクションの既定メンバー

● Presentationsのメソッドを確認する

1 Presentations.Addメソッドを確認する

続いては、Lesson 19で作成したSubプロシージャの
コード「Set prs = Presentations.Add」に登場する、
PresentationsコレクションのAddメソッドを確認しま
す。

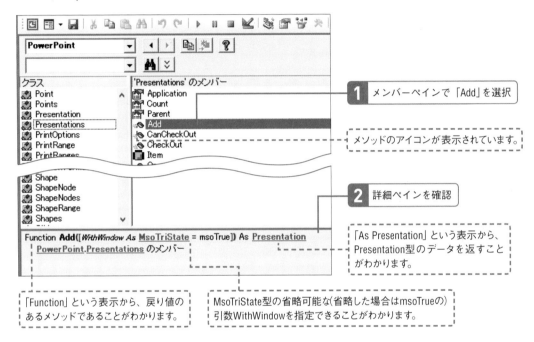

1 メンバーペインで「Add」を選択

メソッドのアイコンが表示されています。

2 詳細ペインを確認

「As Presentation」という表示から、Presentation型のデータを返すことがわかります。

「Function」という表示から、戻り値のあるメソッドであることがわかります。

MsoTriState型の省略可能な(省略した場合はmsoTrueの)引数WithWindowを指定できることがわかります。

引数に指定できるMsoTriState列挙型は、
Openメソッドを見てから確認しましょう。

▶ **Lesson 19で作成したSubプロシージャ**

```
001  Sub_Presentationを作成する()
002  ____Dim_prs_As_Presentation
003  ____Set_prs_=_Presentations.Add ········· Presentations.Addメソッドを使用
004  End_Sub
```

2 Presentations.Openメソッドを確認する

Lesson 19でお伝えした、Presentationsコレクションに用意されているOpenメソッドも見ましょう。

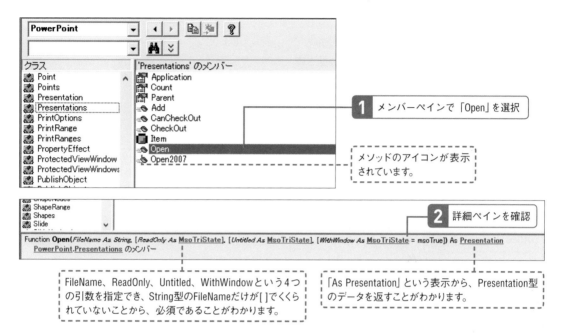

1 メンバーペインで「Open」を選択

メソッドのアイコンが表示されています。

2 詳細ペインを確認

Function Open(FileName As String, [ReadOnly As MsoTriState], [Untitled As MsoTriState], [WithWindow As MsoTriState = msoTrue]) As Presentation
PowerPoint.Presentations のメンバー

FileName、ReadOnly、Untitled、WithWindowという4つの引数を指定でき、String型のFileNameだけが[ ]でくくられていないことから、必須であることがわかります。

「As Presentation」という表示から、Presentation型のデータを返すことがわかります。

ワンポイント Excel VBAのWorkbooks.Addメソッド、Openメソッド

Excel VBAのWorkbooks.Addメソッドは、追加したブックを表すWorkbookオブジェクトを返す点でPowerPoint VBAのPresentations.Addメソッドに似ていますが、指定できる引数が省略可能なTemplateである点が大きく異なります。

Excel VBAのWorkbooks.Openメソッドは、引数Filenameだけが必須である点、開いたブックを表すWorkbookオブジェクトを返す点でPowerPoint VBAのPresentations.Openメソッドに似ていますが、より多くの引数を指定できる点が異なります。

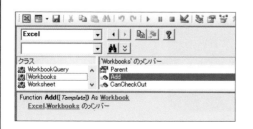

● MsoTriState列挙型を確認する

1 MsoTriState列挙型を表示する

Presentations.AddメソッドやPresentations.Openメソッドの引数で指定できる、MsoTriState列挙型を確認しましょう。

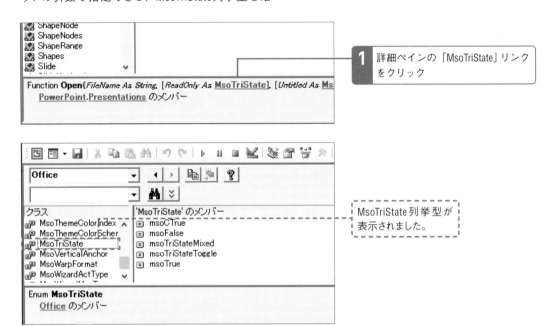

1 詳細ペインの「MsoTriState」リンクをクリック

MsoTriState列挙型が表示されました。

MsoTriState列挙型には、5つの定数が定義されていますが、本書ではmsoTrue（実際の値は-1）とmsoFalse（実際の値は0）のみを使います。定数msoTrueはVBAの論理値Trueと、msoFalseはFalseと等価です。

2 定数msoTrueとmsoFalseを確認する

MsoTriState列挙型に定義されている定数のうち、msoTrueとmsoFalseを確認します。

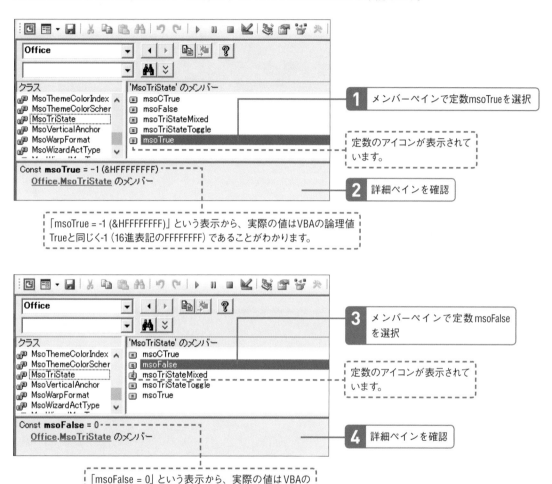

1 メンバーペインで定数msoTrueを選択

定数のアイコンが表示されています。

2 詳細ペインを確認

「msoTrue = -1 (&HFFFFFFFF)」という表示から、実際の値はVBAの論理値Trueと同じく-1 (16進表記のFFFFFFFF) であることがわかります。

3 メンバーペインで定数msoFalseを選択

定数のアイコンが表示されています。

4 詳細ペインを確認

「msoFalse = 0」という表示から、実際の値は VBAの論理値Falseと同じく0であることがわかります。

👍 ワンポイント このChapterで学習した主な内容

プレゼンテーションはPresentationsコレクションとPresentationオブジェクトで操作できる。

Presentationオブジェクトは、ActivePresentationプロパティや、PresentationsコレクションのItemメソッドで取得できる。

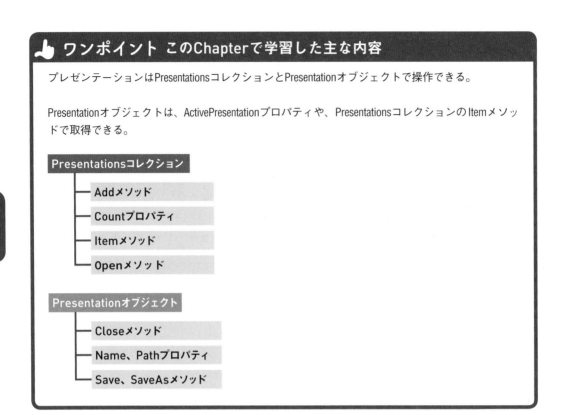

Presentationsコレクション
- Addメソッド
- Countプロパティ
- Itemメソッド
- Openメソッド

Presentationオブジェクト
- Closeメソッド
- Name、Pathプロパティ
- Save、SaveAsメソッド

PowerPoint VBAのPresentations/Presentationが、役割・階層的にExcel VBAのWorkbooks/Workbookに似ていると感じているのではないでしょうか。

Chapter

4

スライドを表す
オブジェクトを
学ぼう

Excelのブックに似たプレゼン
テーションに続いて、階層的
にExcelのワークシートに近い、
スライドを表すオブジェクト
を見ていきましょう。

21 [SlidesとSlide]
スライドを表すオブジェクトの イメージをつかみましょう

このレッスンの ポイント

プレゼンテーションに続いて、このChapterではスライドについて学習します。オブジェクトの階層的にExcelのワークシートに近いのが、PowerPointのスライドです。まずは、スライドを表すオブジェクトのイメージをつかみましょう。

⊙ Excelのワークシートに近いのがPowerPointのスライド

Excelではブックの中にワークシートが存在し、PowerPointではプレゼンテーションの中にスライドが存在します。オブジェクトの階層的・構造的にExcelのワークシートに近いのが、PowerPointのスライドです。

Excel VBAでは、WorksheetsコレクションとWorksheetオブジェクトを使って、ワークシートを操作します。同様にPowerPoint VBAでは、SlidesコレクションとSlideオブジェクトを使って、スライドを操作できます。

1つのプレゼンテーションに含まれるすべてのスライドを操作する場合はSlidesコレクションを、1枚のスライドを操作する場合はSlideオブジェクトを利用します。

▶ ExcelとPowerPointの主要な階層構造の対比

このChapterで学習するスライドを表すオブジェクト

Application
Excelを表すオブジェクト

Workbooks/Workbook
ブックを表すオブジェクト

Worksheets/Worksheet
ワークシートを表すオブジェクト

Range
セルを表すオブジェクト

Application
PowerPointを表すオブジェクト

Presentations/Presentation
プレゼンテーションを表すオブジェクト

Slides/Slide
スライドを表すオブジェクト

Shapes/Shape
図形を表すオブジェクト

▶ スライド一覧表示でのSlidesコレクションとSlideオブジェクトのイメージ

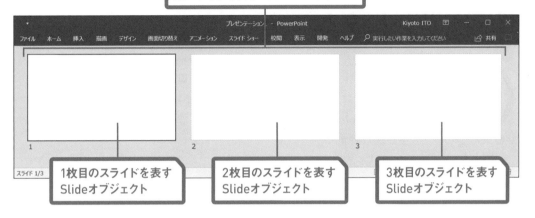

全スライドを表すSlidesコレクション

1枚目のスライドを表す
Slideオブジェクト

2枚目のスライドを表す
Slideオブジェクト

3枚目のスライドを表す
Slideオブジェクト

➔ SlidesとSlideに関係するサンプルマクロ内のコード

Lesson 06で実行した、「全タイトル文字列をイミデ ⋮ 箇所がスライドを表すオブジェクトに関係します。
ィエイトウィンドウに出力する」マクロでは、以下の

▶ 「全タイトル文字列をイミディエイトウィンドウに出力する」マクロ

Slideオブジェクトを代入するオブジェクト変数

アクティブなプレゼンテーションの全スライドを表すSlidesコレクションを取得するPresentation.Slidesプロパティ

```
Sub_全タイトル文字列をイミディエイトウィンドウに出力する()
____Dim_sld_As_Slide
____For_Each_sld_In_ActivePresentation.Slides
_____If_sld.Shapes.HasTitle_Then
_____Debug.Print__
_____sld.SlideNumber_&_vbTab_&__
_____sld.Shapes.Title.TextFrame.TextRange.Text
_____Else
（以降省略）
```

スライド番号を取得するSlide.SlideNumberプロパティ

22 [Slidesコレクション]
全スライドを表すSlidesについて
学習しましょう

このレッスンの
ポイント

Presentationオブジェクトの Slidesプロパティと、全スライドを表す Slidesコレクションから見ていきましょう。Slidesは Excelの Worksheetsと似たプロパティですが、グローバルメンバーではない点が異なります。

→ SlidesコレクションはPresentationのSlidesプロパティで取得

Excel VBAではWorkbookオブジェクトのWorksheets プロパティで、ブックに含まれるすべてのワークシートを表す Worksheetsコレクションを取得することができます。同様にPowerPoint VBAでは、Presen tationオブジェクトに用意されているSlidesプロパティで、プレゼンテーションに含まれるすべてのスライドを表すSlidesコレクションを取得できます。

▶ ActivePresentation.Slidesの意味

```
ActivePresentation.Slides
```

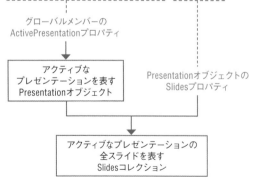

グローバルメンバーの
ActivePresentationプロパティ

アクティブな
プレゼンテーションを表す
Presentationオブジェクト

Presentationオブジェクトの
Slidesプロパティ

アクティブなプレゼンテーションの
全スライドを表す
Slidesコレクション

「ActivePresentation.Slides」は、
Excel VBAの「ActiveWorkbook.
Worksheets」に近いコードです。

Slidesはグローバルなプロパティではない

階層的に似た関係にあるExcel VBAのWorksheets
とPowerPoint VBAのSlidesですが、違いもあります。
Excel VBAのWorksheetsプロパティは、Lesson 06
で確認したグローバルメンバーであるのに対して、
PowerPoint VBAのSlidesプロパティはグローバルメ
ンバーではないという点です。Slidesプロパティは、
前のChapterで学習したPresentationオブジェクトに
だけ用意されています。

そのためExcel VBAで、アクティブなブックのWork
sheetsコレクションを取得する場合には、いきなり
「Worksheets」 というコードを書けますが、
PowerPoint VBAの場合「.Slides」の前には、必ず
Presentationオブジェクトを取得するコードを書く
必要があります。具体的には、「ActivePresentation.
Slides」「Presentations(1).Slides」のように書かなけ
ればなりません。

▶ SlidesプロパティはPresentationオブジェクトにのみ存在

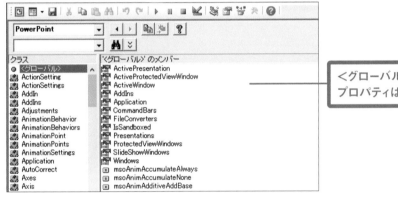

<グローバル>にSlides
プロパティは存在しない

Presentationオブジェクトにだけ
Slidesプロパティは存在する

本書で学習する、オブジェクトを取
得・設定するコードの書き出しは、ほ
とんどが「ActivePresentation.」と
なっています。

⊕ SlidesはCountプロパティやItemメソッドを持つ

Slidesプロパティで取得できるSlidesオブジェクトは、Lesson 17で学習したPresentationsと同じくコレクションですから、CountプロパティやItemメソッドが用意されています（Lesson 10参照）。

Excel VBAで「MsgBox ActiveWorkbook.Worksheets.Count」を実行すると、アクティブなブックのワークシートの枚数がメッセージボックスに表示されるのと同様、PowerPoint VBAで「MsgBox ActivePresentation.Slides.Count」を実行するとアクティブなプレゼンテーションのスライドの枚数がメッセージボックスに表示されます。

単独のSlideオブジェクトを取得するItemメソッドについては、次のLessonで学習します。

▶ ActivePresentation.Slides.Countの意味

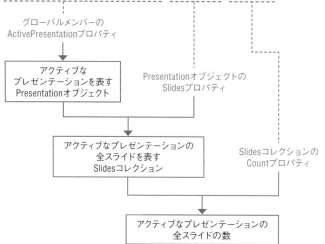

このコードを、オブジェクトブラウザーを調べながら読み解く実習を、Lesson 24で行います。

👍 ワンポイント Excel VBAのWorksheetsプロパティはSheetsコレクションを返す

Excel VBAのWorksheetsプロパティの戻り値は、本当はWorksheetsコレクションではありません。実際には、Worksheetオブジェクトだけを単独のオブジェクトとして含むSheetsコレクションを返します。

しかし、本書の主たる対象読者である、オブジェクトブラウザーを使えないレベルのExcel VBA経験者の場合、Worksheetsプロパティの戻り値がWorksheetsコレクションであると誤解しているケースが少なくありません。そのため本書では、Worksheetsプロパティの戻り値がWorksheetsコレクションであるという、厳密には正しくない表現で解説しています。

● Slidesを確認するSubプロシージャの実行

1 Subプロシージャを作成する　`Chapter_4.pptm`

アクティブなプレゼンテーションに含まれるスライドの数をメッセージボックスに表示するSubプロシージャを作りましょう。

スライドの数をメッセージボックスに表示するだけな

ら、「MsgBox ActivePresentation.Slides.Count」で済みますが、このあとPresentation.Slidesプロパティの戻り値をローカルウィンドウで確認するため、オブジェクト変数への代入を行っています。

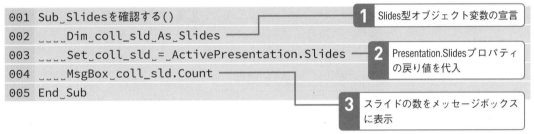

```
001  Sub_Slidesを確認する()
002  ____Dim_coll_sld_As_Slides
003  ____Set_coll_sld_=_ActivePresentation.Slides
004  ____MsgBox_coll_sld.Count
005  End_Sub
```

1 Slides型オブジェクト変数の宣言

2 Presentation.Slidesプロパティの戻り値を代入

3 スライドの数をメッセージボックスに表示

2 Subプロシージャを実行する

Subプロシージャを実行して、アクティブなプレゼンテーションに含まれるスライドの数がメッセージボ

ックスに表示されることを確認します。

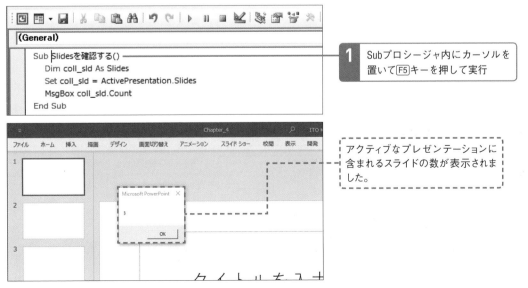

1 Subプロシージャ内にカーソルを置いて[F5]キーを押して実行

アクティブなプレゼンテーションに含まれるスライドの数が表示されました。

● Slidesをローカルウィンドウで確認する

1 ローカルウィンドウを表示してステップ実行を開始する

先ほどのSubプロシージャをステップ実行して、　確認しましょう。
Slidesコレクションのデータをローカルウィンドウで

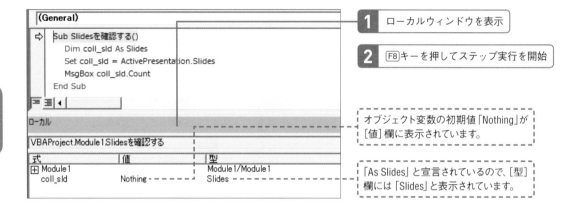

1 ローカルウィンドウを表示

2 F8キーを押してステップ実行を開始

オブジェクト変数の初期値「Nothing」が[値]欄に表示されています。

「As Slides」と宣言されているので、[型]欄には「Slides」と表示されています。

2 ステップ実行を継続する

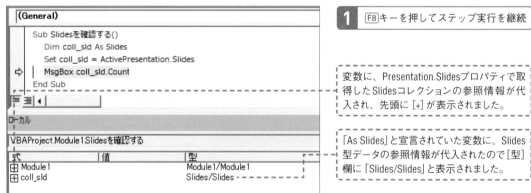

1 F8キーを押してステップ実行を継続

変数に、Presentation.Slidesプロパティで取得したSlidesコレクションの参照情報が代入され、先頭に[+]が表示されました。

「As Slides」と宣言されていた変数に、Slides型データの参照情報が代入されたので[型]欄に「Slides/Slides」と表示されました。

Presentation.Slidesプロパティで取得した全スライドを表すSlidesコレクションが、変数coll_sldに代入されたことをイメージしてください。

3 オブジェクト変数の中身を表示する

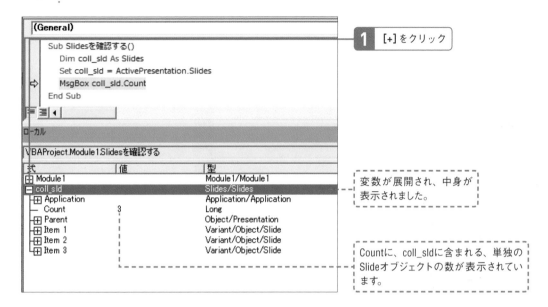

1 [+]をクリック

```
(General)
    Sub Slidesを確認する()
        Dim coll_sld As Slides
        Set coll_sld = ActivePresentation.Slides
    ⇨    MsgBox coll_sld.Count
    End Sub
```

ローカル

VBAProject.Module1.Slidesを確認する

式	値	型
Module1		Module1/Module1
coll_sld		Slides/Slides
Application		Application/Application
Count	3	Long
Parent		Object/Presentation
Item 1		Variant/Object/Slide
Item 2		Variant/Object/Slide
Item 3		Variant/Object/Slide

変数が展開され、中身が
表示されました。

Countに、coll_sldに含まれる、単独の
Slideオブジェクトの数が表示されてい
ます。

このcoll_sld.Countが、Subプロシージャを実行
してメッセージボックスに表示されたスライドの数
であることを意識しましょう。

4 ステップ実行を終了する

確認ができたら、メニューの [実行] － [リセット] をクリックしてステップ実行を終了します。

1 ＜グローバル＞を選択する

Slidesプロパティがグローバルメンバーではないことを、オブジェクトブラウザーで確認しましょう。

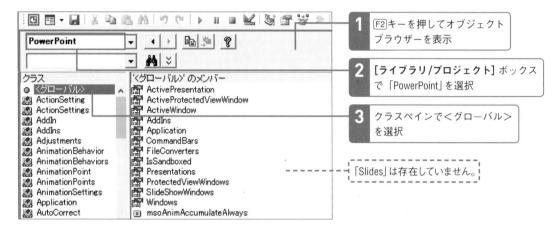

1 F2キーを押してオブジェクト
ブラウザーを表示

2 [ライブラリ/プロジェクト] ボックス
で「PowerPoint」を選択

3 クラスペインで＜グローバル＞
を選択

「Slides」は存在していません。

Chapter 3で学習したActivePresentationやPresentations
と違い、Slidesはグローバルメンバーではないため、「.Slides」
の前に必ずPresentationオブジェクトを取得するコードを書
かなければいけないわけです。

👍 ワンポイント Excel VBAのWorksheetsはグローバルメンバー

PowerPointのSlidesプロパティと役割的に似てい
るExcel VBAのWorksheetsプロパティは、グロー
バルメンバーです。

このためアクティブなブックのワークシートを
操作するときには、「ActiveWorkbook.」を省略し
ていきなり「Worksheets」と書き始められます。

グローバルメンバーにWorkbooks
プロパティが存在

Lesson 23

[SlidesコレクションのItemメソッド]

SlidesからSlideを取得するコードを理解しましょう

このレッスンの
ポイント

個々のスライドを操作する場合、Slideオブジェクトを利用します。前のLessonで学習した、プレゼンテーションに含まれる全スライドを表すSlidesコレクションから、単独のSlideオブジェクトを取得するコードを理解しましょう。

→ インデックス番号でSlidesからSlideを取得する

Excel VBAではWorksheetsの引数にインデックス番号等を指定すると、ワークシートを表すWorksheetオブジェクトを取得できます。同様にPowerPoint VBAでは、Slidesの引数にインデックス番号を指定することで、1枚のスライドを表すSlideオブジェクトを取得できます。

「ActivePresentation.Slides(1)」でアクティブなプレゼンテーションの先頭スライドを表すSlideオブジェクトを取得でき、「ActivePresentation.Slides(1).Select」でアクティブなプレゼンテーションの先頭スライドを選択できます（SelectメソッドはLesson 25で学習します）。

▶ ActivePresentation.Slides(n)で取得できるスライド

ActivePresentation.Slides(1)
で取得できる1枚目のスライド

ActivePresentation.Slides(3)
で取得できる3枚目のスライド

ActivePresentation.Slides(2)
で取得できる2枚目のスライド

Slides(1)はSlides.Item(1)の省略形

Lesson 10で確認したとおり「ActivePresentation.Slides(1)」は、コレクションから単独のオブジェクトを取得するItemメソッドを省略した書き方ですから、「ActivePresentation.Slides.Item(1)」と書くこともできます。

通常は「ActivePresentation.Slides(1)」と書いて構いませんが、PowerPoint VBAでは「.Item」を書くケースがExcel VBAよりも多いため、Itemメソッドを省略しない「ActivePresentation.Slides.Item(1)」の形もしっかり理解しましょう。

▶ ActivePresentation.Slides.Item(1)の意味

`ActivePresentation.Slides.Item(1)`

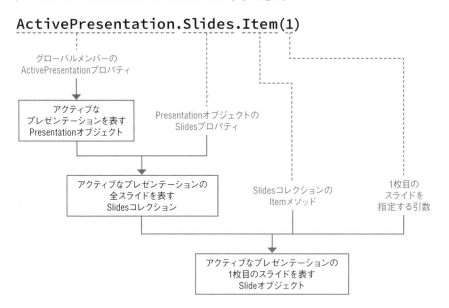

With文を使った、Itemメソッドを明記しなければならない具体例は、Lesson 28で学習します。

● Slides.Itemを確認するSubプロシージャの実行

1 | Subプロシージャを作成する `Chapter_4.pptm`

SlidesコレクションのItemメソッドでSlideオブジェクトを取得するSubプロシージャを作りましょう。4行

目のSelectメソッドはLesson 25で学習します。

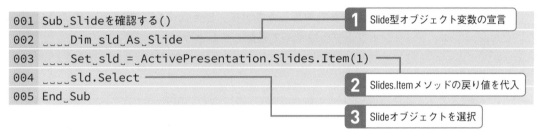

```
001 Sub_Slideを確認する()
002 ____Dim_sld_As_Slide
003 ____Set_sld_=_ActivePresentation.Slides.Item(1)
004 ____sld.Select
005 End_Sub
```

1 Slide型オブジェクト変数の宣言

2 Slides.Itemメソッドの戻り値を代入

3 Slideオブジェクトを選択

2 | Subプロシージャを実行する

2枚目以降のスライドが選択された状態で、Subプロシージャを実行して、先頭スライドが選択されること

とを確認します。

先頭スライドが選択されます。

「ActivePresentation.Slides.Item(1)」の「.Item」を削除しても、同じように動作することを確認してください。

24

Slidesコレクションをオブジェクトブラウザーで確認しましょう

このレッスンの
ポイント

前のLessonまでの学習で、PowerPoint VBAのSlidesは、Excel VBAのWorksheetsに似た部分があると感じているのではないでしょうか。ここまで学習した内容を、Lesson 16、20で行ったようにオブジェクトブラウザーで確認しましょう。

● Presentation.Slidesを確認する

1 Presentationオブジェクトを選択する

Lesson 22で作成したSubプロシージャを、オブジェクトブラウザーを使って読解しましょう。
ActivePresentationプロパティでPresentationオブジェクトを取得する部分は、Lesson 16で確認済みですから、ここではPresentationオブジェクトを選択するところから開始します。

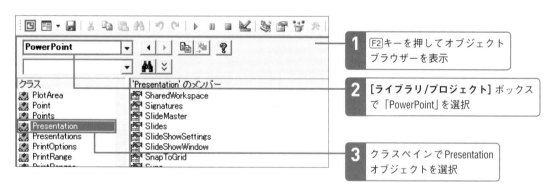

1 F2キーを押してオブジェクトブラウザーを表示

2 [ライブラリ/プロジェクト] ボックスで「PowerPoint」を選択

3 クラスペインでPresentationオブジェクトを選択

ActivePresentationプロパティでPresentation
オブジェクトを取得できることをイメージできない
場合は、Lesson 16の実習をもう一度行いましょう。

001	Sub␣Slidesを確認する()
002	␣␣␣␣Dim␣coll_sld␣As␣Slides
003	␣␣␣␣Set␣coll_sld␣=␣ActivePresentation.Slides ⋯⋯⋯⋯⋯⋯⋯⋯⋯ Presentation.Slidesプロパティを使用
004	␣␣␣␣MsgBox␣coll_sld.Count ⋯⋯⋯⋯⋯⋯ Slides.Countプロパティを使用
005	End␣Sub

2 Presentation.Slidesプロパティを確認する

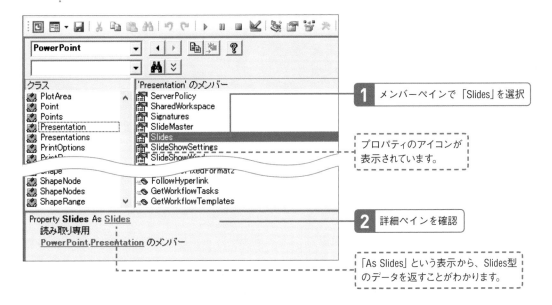

1 メンバーペインで「Slides」を選択

プロパティのアイコンが表示されています。

2 詳細ペインを確認

「As Slides」という表示から、Slides型のデータを返すことがわかります。

このSlidesが、Lesson 22で作成したSubプロシージャのコード「ActivePresentation.Slides」のSlidesであることを意識してください。

● Slidesコレクションを確認する

1 Slidesオブジェクトを表示する

PresentationオブジェクトのSlidesプロパティの返すSlidesが、どのようなオブジェクトか確認しましょう。

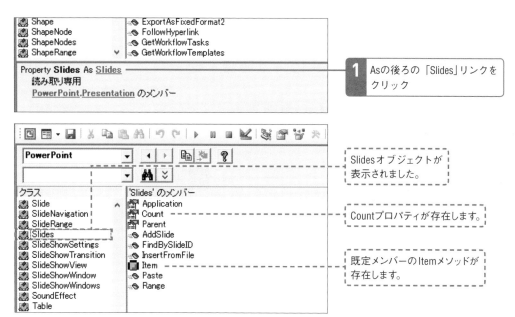

Shape
ShapeNode
ShapeNodes
ShapeRange

ExportAsFixedFormat2
FollowHyperlink
GetWorkflowTasks
GetWorkflowTemplates

Property **Slides** As Slides
読み取り専用
PowerPoint.Presentation のメンバー

1 Asの後ろの「Slides」リンクを
クリック

PowerPoint

クラス
Slide
SlideNavigation
SlideRange
Slides
SlideShowSettings
SlideShowTransition
SlideShowView
SlideShowWindow
SlideShowWindows
SoundEffect
Table

'Slides' のメンバー
Application
Count
Parent
AddSlide
FindBySlideID
InsertFromFile
Item
Paste
Range

Slidesオブジェクトが
表示されました。

Countプロパティが存在します。

既定メンバーのItemメソッドが
存在します。

CountプロパティとItemメソッドが存在すること
から、Slidesオブジェクトはコレクションであるこ
とが推測できます。

2 Slides.Countプロパティを確認する

Lesson 22 で作成したSubプロシージャのコード
「MsgBox coll_sld.Count」に登場する、Slidesコレク
ションのCountプロパティを確認します。

1 メンバーペインで「Count」を選択

プロパティのアイコンが表示されています。

2 詳細ペインを確認

「As Long」という表示からLong型のデータを返すことがわかります。

このCountが、Lesson 22で作成したSubプロシージャのコード「coll_sld.Count」のCountであることを、意識しましょう。ここまでの操作で「ActivePresentation.Slides.Count」全体を確認できたわけです。

3 Slides.Itemメソッドを確認する

続いては、Lesson 23で作成したSubプロシージャのコード「Set sld = ActivePresentation.Slides.Item(1)」をオブジェクトブラウザーで確認しましょう。

Slidesコレクションの Itemメソッドを選択するところから継続します。

▶ Lesson 23で作成したSubプロシージャ

```
001 Sub_Slideを確認する()
002 ____Dim_sld_As_Slide
003 ____Set_sld_=_ActivePresentation.Slides.Item(1) …Slides.Itemメソッドを使用
004 ____sld.Select
005 End_Sub
```

Chapter 4 スライドを表すオブジェクトを学ぼう

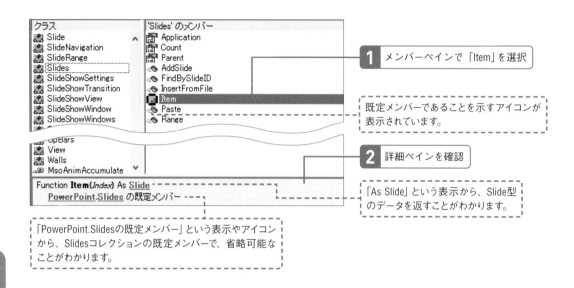

1 メンバーペインで「Item」を選択

既定メンバーであることを示すアイコンが
表示されています。

2 詳細ペインを確認

「As Slide」という表示から、Slide型
のデータを返すことがわかります。

「PowerPoint.Slidesの既定メンバー」という表示やアイコン
から、Slidesコレクションの既定メンバーで、省略可能な
ことがわかります。

● Slideオブジェクトを確認する

1 Slideを表示する

SlidesコレクションのItemメソッドの返すSlideが、どのようなオブジェクトかを少しだけ見ましょう。

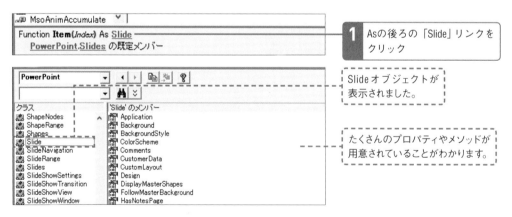

1 Asの後ろの「Slide」リンクを
クリック

Slideオブジェクトが
表示されました。

たくさんのプロパティやメソッドが
用意されていることがわかります。

ここまでの操作で、Lesson 23で作成したSubプロシージャのコード
「ActivePresentation.Slides.Item(1)」が確認できました。Slideオブ
ジェクトの特徴的なプロパティやメソッドを、このあとのLessonで学
習します。

♪ ワンポイント アクティブなスライドを表すオブジェクト

▶ ActiveSlideのようなグローバルプロパティは存在しない

Excel VBAでは、グローバルメンバーのActiveSheet
プロパティを使って、アクティブなシートを表
すオブジェクトを取得できます。

PowerPoint VBAの場合には、アクティブなスラ
イドを表すオブジェクトを取得するActiveSlide
のようなプロパティは用意されていません。

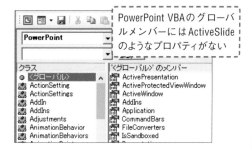

▶ ActiveWindow.Selection.SlideRangeでアクティブなスライドを取得

ActiveSlideというプロパティはないPowerPoint VBA
ですが、「ActiveWindow.Selection.SlideRange」とい
うコードで、選択されているスライドを表すオ
ブジェクトを取得できます。
「ActiveWindow.Selection.SlideRange」は、スライド
の選択状態によって、複数または1枚のスライ

ドを表すオブジェクトを返します。スライドが
1枚だけ選択されている状態で「ActiveWindow.
Selection.SlideRange」を実行すると、選択されて
いる1枚のスライド、すなわちアクティブなス
ライドを表すSlideRangeオブジェクトを取得で
きます。

▶ ActiveWindow.Selection.SlideRangeの意味

ActiveWindow.Selection.SlideRange

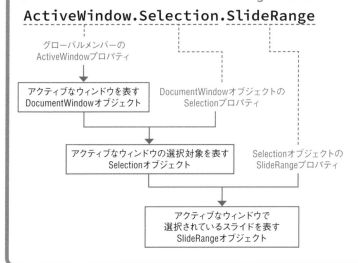

[Slideオブジェクトのメソッド]
Slideが持つメソッドについて学習しましょう

このレッスンのポイント

Lesson 23で、SlidesコレクションからSlideオブジェクトを取得するItemメソッドについて学習しました。Slides.Itemで取得したSlideオブジェクトには、Excel VBAのWorkbookオブジェクトに似たメソッドが用意されています。

→ スライドを選択するSelectメソッド

Excel VBAのWorksheetオブジェクトには、ワークシートを選択するSelectメソッドが用意されています。同様に、PowerPoint VBAのSlideオブジェクトにも、スライドを選択するSelectメソッドが用意されています。Lesson 23の実習で、「ActivePresentation.Slides(1).

Item(1).Select」というコードを実行しました。このSelectが、SlideオブジェクトのSelectメソッドです。Slide.Selectメソッドは、Lesson 08で確認した何も返さないメソッドです。

▶ ActivePresentation.Slides(1).Selectの意味

```
ActivePresentation.Slides(1).Select
```

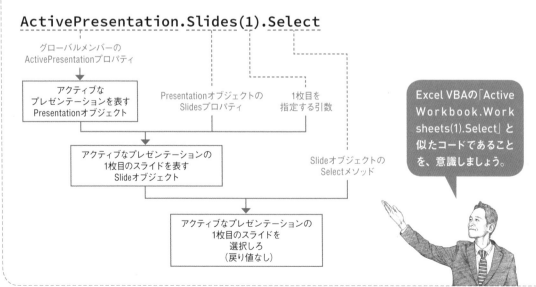

グローバルメンバーの
ActivePresentationプロパティ

アクティブな
プレゼンテーションを表す
Presentationオブジェクト

Presentationオブジェクトの
Slidesプロパティ

1枚目を
指定する引数

アクティブなプレゼンテーションの
1枚目のスライドを表す
Slideオブジェクト

Slideオブジェクトの
Selectメソッド

アクティブなプレゼンテーションの
1枚目のスライドを
選択しろ
（戻り値なし）

Excel VBAの「Active Workbook.Worksheets(1).Select」と似たコードであることを、意識しましょう。

→ スライドを削除するDeleteメソッド

Excel VBAのWorksheetオブジェクトには、ワークシートを削除するDeleteメソッドが用意されています。同様に、PowerPoint VBAのSlideオブジェクトにも、スライドを削除するDeleteメソッドが用意されています。「ActivePresentation.Slides.Item(1).Delete」あるいは

「ActivePresentation.Slides(1).Delete」を実行すると、アクティブなプレゼンテーションの先頭スライドが削除されます。

Slide.Deleteメソッドも、Lesson 08で確認した何も返さないメソッドです。

▶ ActivePresentation.Slides(1).Deleteの意味

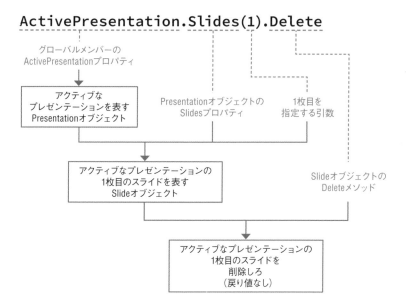

> スライドを削除するメソッドはSlideオブジェクトが持っていますが、追加するメソッドはSlidesコレクションに用意されており、Lesson 29で学習します。

Lesson 26

[Slideオブジェクトのプロパティ]

Slideが持つプロパティについて 学習しましょう

このレッスンの ポイント

Slideオブジェクトが持つメソッドに続いて、プロパティの中で特徴的なものをいくつか見ましょう。PowerPoint上でスライドに対して行う操作に関係の深いプロパティが、Slideオブジェクトに用意されています。

→ 何枚目かを表すSlideIndexとスライド番号を表すSlideNumber

Excel VBAでは、Worksheetオブジェクトに用意されているIndexプロパティで、指定したWorksheetが何枚目かを取得できます。このIndexに似たプロパティが、PowerPoint VBAのSlideオブジェクトにも用意されています。

PowerPoint VBAでは、SlideオブジェクトのSlideIndexプロパティで、指定したスライドが何枚目かを取得できます。また、SlideNumberプロパティを使うと、スライド上に表示されるスライド番号を取得できます。

SlideIndexプロパティが何枚目のスライドかを示す数値を返すのに対し、SlideNumberプロパティは、[スライドのサイズ] ダイアログボックスの [スライド開始番号] の影響を受ける、スライドのフッターに表示されるスライド番号を返します。

「ActivePresentation.Slides.Item(1).SlideNumber」または「ActivePresentation.Slides(1).SlideNumber」で、アクティブなプレゼンテーションの先頭スライドのスライド番号を取得できます。

▶ [スライドのサイズ]ダイアログでスライドの開始番号を変更できる

[スライド開始番号]を変更していない場合、SlideIndexとSlideNumberは同じ値を返します。

SlideNumberは[スライド開始番号]の設定に沿って数値を返す

▶ ActivePresentation.Slides(1).SlideNumberの意味

`ActivePresentation.Slides(1).SlideNumber`

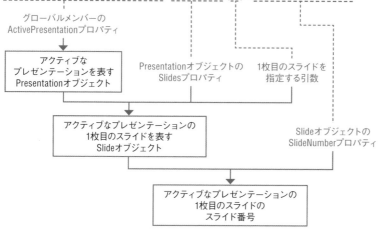

グローバルメンバーの
ActivePresentationプロパティ

アクティブな
プレゼンテーションを表す
Presentationオブジェクト

Presentationオブジェクトの
Slidesプロパティ

1枚目のスライドを
指定する引数

アクティブなプレゼンテーションの
1枚目のスライドを表す
Slideオブジェクト

Slideオブジェクトの
SlideNumberプロパティ

アクティブなプレゼンテーションの
1枚目のスライドの
スライド番号

⊙ スライドのレイアウトを取得・設定するLayoutプロパティ

PowerPointでは、スライドの追加時にレイアウトを指定したり、既存のスライドのレイアウトをあとから変更したりできます。PowerPoint VBAでスライドのレイアウトを取得・設定するには、Slideオブジェクトに用意されているLayoutプロパティを利用します。

「ActivePresentation.Slides.Item(1).Layout」または「ActivePresentation.Slides(1).Layout」で、アクティブなプレゼンテーションの先頭スライドのレイアウトを取得・設定できます。

Layoutプロパティで取得・設定できる定数は、PpSlideLayout列挙型に定義されています。

▶ さまざまなスライドのレイアウト

▶ PpSlideLayout列挙型に定義されたSlide.Layout等に指定できる定数(抜粋)

定数	値	レイアウト
ppLayoutTitle	1	タイトルスライド
ppLayoutObject	16	タイトルとコンテンツ
ppLayoutSectionHeader	33	セクション見出し
ppLayoutTitleOnly	11	タイトルのみ
ppLayoutBlank	12	白紙

Lesson 29で学習する、Slidesコレクションの
Addメソッドの引数Layoutにも、これらの定数を
指定できます。次のLessonで、PpSlideLayout
列挙型をオブジェクトブラウザーで確認します。

▶ ActivePresentation.Slides(1).Layoutの意味

ActivePresentation.Slides(1).Layout

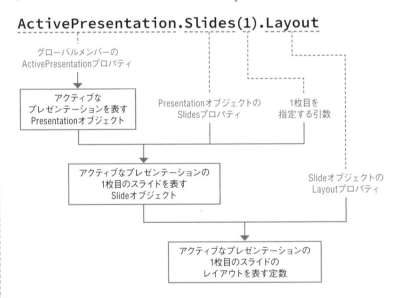

● Slideのプロパティを確認するSubプロシージャの実行

1 Subプロシージャを編集する `Chapter_4.pptm`

Lesson 23で作成したSubプロシージャを編集して、SlideオブジェクトのSlideNumberプロパティとLayout　プロパティを確認しましょう。

```
001  Sub_Slideを確認する()
002  ____Dim_sld_As_Slide
003  ____Set_sld_=_ActivePresentation.Slides.Item(1)
004  ____sld.Select
005  ____MsgBox__
006  _____"SlideNumber_:_"_&_sld.SlideNumber_&_vbCrLf_&__
007  _____"Layout_:_"_&_sld.Layout
008  End_Sub
```

1 スライド番号と、レイアウトを表す数値をメッセージボックスに表示

2 Subプロシージャを実行する

Subプロシージャを実行して、アクティブなプレゼンテーションの先頭スライドが選択され、スライド番号とレイアウトを表す数値がメッセージボックスに表示されることを確認します。

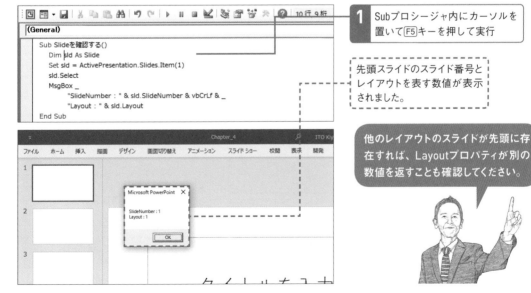

1 Subプロシージャ内にカーソルを置いて F5 キーを押して実行

先頭スライドのスライド番号とレイアウトを表す数値が表示されました。

他のレイアウトのスライドが先頭に存在すれば、Layoutプロパティが別の数値を返すことも確認してください。

● Slideをローカルウィンドウで確認する

1 ローカルウィンドウを表示してステップ実行を開始する

先ほどのSubプロシージャをステップ実行して、Slide ⋮ しましょう。
オブジェクトのデータをローカルウィンドウで確認

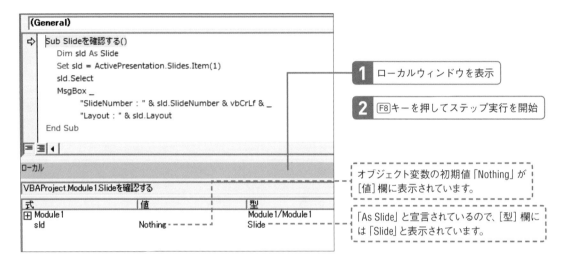

1 ローカルウィンドウを表示

2 [F8]キーを押してステップ実行を開始

オブジェクト変数の初期値「Nothing」が
[値] 欄に表示されています。

「As Slide」と宣言されているので、[型] 欄に
は「Slide」と表示されています。

2 ステップ実行を継続する

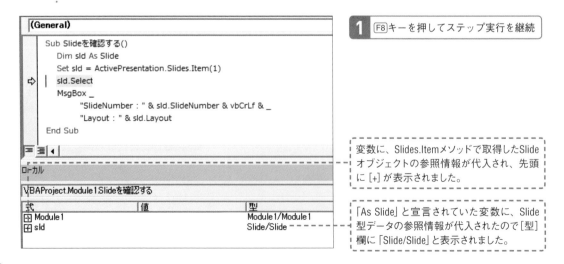

1 [F8]キーを押してステップ実行を継続

変数に、Slides.Itemメソッドで取得したSlide
オブジェクトの参照情報が代入され、先頭
に [+] が表示されました。

「As Slide」と宣言されていた変数に、Slide
型データの参照情報が代入されたので[型]
欄に「Slide/Slide」と表示されました。

3 オブジェクト変数の中身を表示する

```
        Set sld = ActivePresentation.Slides.Item(1)
⇨       sld.Select
        MsgBox _
            "SlideNumber : " & sld.SlideNumber & vbCrLf & _
            "Layout : " & sld.Layout
    End Sub
```

1 [+] をクリック

ローカル

VBAProject.Module1.Slideを確認する

式	値	型
⊞ Module1		Module1/Module1
⊟ sld		Slide/Slide
⊞ Application		Application/Application
⊞ Background		ShapeRange/ShapeRan
— BackgroundStyle	msoBackgroundStylePreset1	MsoBackgroundStyleInd
⊞ ColorScheme		ColorScheme/ColorSch
⊞ Comments		Comments/Comments
⊞ CustomerData		CustomerData/Custome
⊞ CustomLayout		CustomLayout/Customl
⊞ Design		Design/Design
— DisplayMasterShapes	msoTrue	MsoTriState
— FollowMasterBackground	msoTrue	MsoTriState
— HasNotesPage	msoTrue	MsoTriState
⊞ HeadersFooters		HeadersFooters/Header
⊞ Hyperlinks		Hyperlinks/Hyperlinks
— Layout	ppLayoutTitle	PpSlideLayout
⊞ Master		Master/Master
— Name	"Slide1"	String
⊞ NotesPage		SlideRange/SlideRange
⊞ Parent		Object/Presentation
— PrintSteps	1	Long
— Scripts	<Slide.Scripts : 無効な要求で	Scripts
— sectionIndex	1	Long
— SectionNumber	0	Long
⊞ Shapes		Shapes/Shapes
— SlideID	256	Long
— SlideIndex	1	Long
— SlideNumber	1	Long
⊞ SlideShowTransition		SlideShowTransition/Sl
⊞ Tags		Tags/Tags

変数の中身が表示されました。

Layoutプロパティの値が表示されています。

SlideIndexプロパティの値が表示されています。

SlideNumberプロパティの値が表示されています。

4 ステップ実行を終了する

確認ができたら、メニューの [実行] - [リセット] をクリックしてステップ実行を終了します。

Lesson 27 [Slideオブジェクトの確認]

Slideオブジェクトをオブジェクトブラウザーで確認しましょう

このレッスンの
ポイント

Lesson 25、26で学習した、Slideオブジェクトのメソッドとプロパティを、オブジェクトブラウザーで確認しましょう。Lesson 24で確認したSlidesコレクションと比べて、たくさんのメソッドやプロパティを持っていることも意識してください。

○ Slideのメソッドを確認する

1 Slideオブジェクトを選択する

Lesson 25、26で作成したSubプロシージャを、オブジェクトブラウザーを使って読解しましょう。

コード「sld.Select」に登場する、SlideオブジェクトのSelectメソッドから確認します。

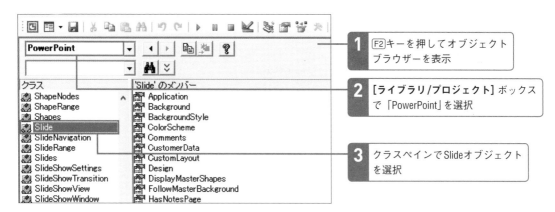

1 F2キーを押してオブジェクトブラウザーを表示

2 [ライブラリ/プロジェクト] ボックスで「PowerPoint」を選択

3 クラスペインでSlideオブジェクトを選択

SlidesコレクションのItemメソッドでSlideオブジェクトを取得できることをイメージできない場合は、Lesson 24の実習をもう一度行ってください。

▶ Lesson 25、26で作成したSubプロシージャ

001	Sub␣Slideを確認する()
002	␣␣␣␣Dim␣sld␣As␣Slide
003	␣␣␣␣Set␣sld␣=␣ActivePresentation.Slides.Item(1)
004	␣␣␣␣sld.Select ·······························Slide.Selectメソッドを使用
005	␣␣␣␣MsgBox␣␣
006	␣␣␣␣␣␣␣␣␣␣␣␣"SlideNumber␣:␣"␣&␣sld.SlideNumber␣&␣vbCrLf␣&␣␣ ·····Slide.SlideNumberプロパティを使用
007	␣␣␣␣␣␣␣␣␣␣␣␣"Layout␣:␣"␣&␣sld.Layout ·····Slide.Layoutプロパティを使用
008	End␣Sub

2 Slide.Selectメソッドを確認する

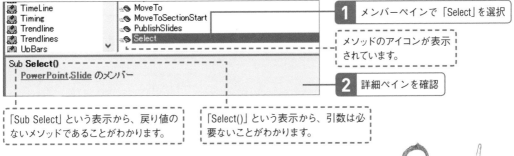

1 メンバーペインで「Select」を選択

メソッドのアイコンが表示
されています。

2 詳細ペインを確認

「Sub Select」という表示から、戻り値の
ないメソッドであることがわかります。

「Select()」という表示から、引数は必
要ないことがわかります。

Lesson 25でお伝えした、Deleteメソッドも確
認してみてください。

👍 **ワンポイント Excel VBAのWorksheet.Selectメソッド**

Excel VBAのWorksheet.Selectメソッドは、省略可
能な引数Replaceを指定できる点が、PowerPoint

VBAのSlide.Selectメソッドと異なります。

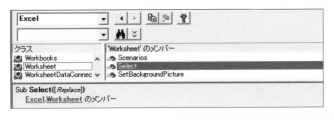

○ Slideのプロパティを確認する

1 Slide.SlideNumberプロパティを確認する

続いて、コード「MsgBox "SlideNumber : " & sld.Slide
Number」に登場する、SlideオブジェクトのSlideNumber
プロパティを確認します。

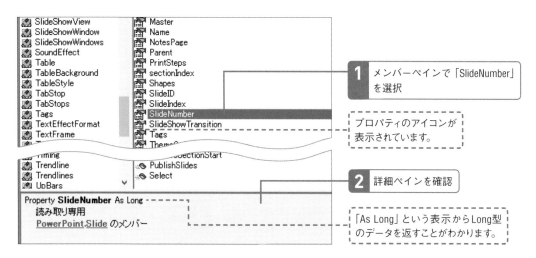

1 メンバーペインで「SlideNumber」を選択

プロパティのアイコンが表示されています。

2 詳細ペインを確認

「As Long」という表示からLong型のデータを返すことがわかります。

同じように、SlideIndexプロパティも確認してください。

👍 ワンポイント Excel VBAのWorksheet.Index

Excel VBAの場合、Worksheet.Indexプロパティが、Slide.SlideIndexプロパティと似ています。
ワークシートのインデックス番号を返す点で、

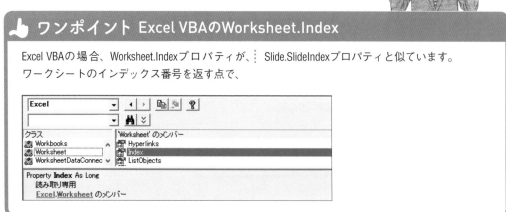

2 | Slide.Layoutプロパティを確認する

Layoutプロパティも確認しましょう。

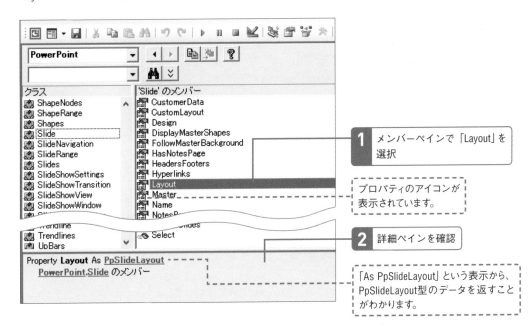

1 メンバーペインで「Layout」を選択

プロパティのアイコンが表示されています。

2 詳細ペインを確認

「As PpSlideLayout」という表示から、PpSlideLayout型のデータを返すことがわかります。

◯ PpSlideLayout列挙型を確認する

1 | PpSlideLayout列挙型を表示する

SlideオブジェクトのLayoutプロパティが返すPpSlideLayout列挙型を確認します。

1 Asの後ろの「PpSlideLayout」リンクをクリック

PpSlideLayout列挙型が表示されました。

Lesson 26で一部をお伝えした、PpSlideLayout列挙型に定義されているすべての定数を、このようにオブジェクトブラウザーで確認できます。

2 定数ppLayoutTitleを確認する

PpSlideLayout列挙型に定義されている定数のうち、ppLayoutTitleを確認しましょう。

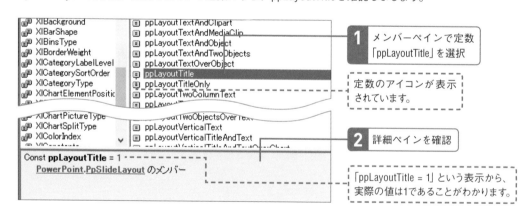

1 メンバーペインで定数「ppLayoutTitle」を選択

定数のアイコンが表示されています。

2 詳細ペインを確認

「ppLayoutTitle = 1」という表示から、実際の値は1であることがわかります。

その他の定数もいくつか確認してみてください。

Lesson 28

[全スライドに対するループ処理]

全スライドに対してループ処理を行ってみましょう

**このレッスンの
ポイント**

ここまで学習した内容を踏まえて、全スライドに対してループ処理を行うSubプロシージャを作りましょう。スライドを順番に選択し、レイアウトを表す数値を表示します。For Each〜Next文を、For〜Next文で書き直せることも確認しましょう。

→ オブジェクト変数を使った全スライドに対するFor Each〜Next文

プレゼンテーションに含まれる全スライドに対してループ処理を行う場合、For Each〜Next文が便利です。
Excel VBAの場合「For Each オブジェクト変数 In ActiveWorkbook.Worksheets」で、全ワークシートに対してループ処理できるのと同様、PowerPoint VBAの場合「For Each オブジェクト変数 In Active

Presentation.Slides」で、全スライドに対してループ処理できます。
以下のコードを実行すると、アクティブなプレゼンテーションに含まれるスライドが順番に選択され、レイアウトを表す数値がメッセージボックスに表示されます。

▶ **全スライドに対するFor Each〜Next文**

> **Slide型オブジェクト変数の宣言**

```
    Dim sld As Slide
    For Each sld In ActivePresentation.Slides
        sld.Select
        MsgBox sld.Layout
    Next sld
```

> **アクティブなプレゼンテーションの全スライドに対するFor Each〜Next文**

> **レイアウトを表す数値をメッセージボックスに表示**

> **スライドを選択**

> Excel VBAの「For Each オブジェクト変数 In ActiveWorkbook.Worksheets」と似ていることを意識しましょう。

→ カウンター変数を使った全スライドに対するFor〜Next文

VBAのFor Each〜Next文は、For〜Next文で書くこともできます。
Excel VBAの場合「For カウンター変数 = 1 To ActiveWorkbook.Worksheets.Count」で、全ワークシートに対してループ処理できるのと同様に、PowerPoint VBAの場合「For カウンター変数 = 1 To ActivePresentation.Slides.Count」で、全スライドに対してループ処理を実行できます。

▶ 全スライドに対するFor〜Next文

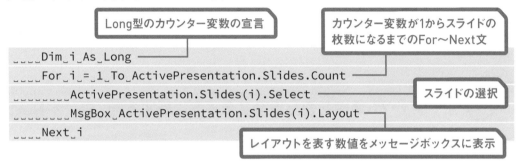

Long型のカウンター変数の宣言

カウンター変数が1からスライドの枚数になるまでのFor〜Next文

```
____Dim_i_As_Long
____For_i_=_1_To_ActivePresentation.Slides.Count
_____ActivePresentation.Slides(i).Select
_____MsgBox_ActivePresentation.Slides(i).Layout
____Next_i
```

スライドの選択

レイアウトを表す数値をメッセージボックスに表示

For Each〜Next文では正しく処理できないケースもあるので、同じ処理をFor〜Next文でも書けるようになりましょう。処理できない具体例は、Lesson 42で学習します。

→ For〜Next文にWith文を組み合わせる

上述のFor〜Next文では「ActivePresentation.Slides」が複数箇所に書かれ、1行の文字数が多くなっているために読みづらくなっています。こういった場合はWith文を使ってコードを整理して書き直すことができ、Itemメソッドを明記する必要があります（Lesson 23参照）。

▶ With文の組み合わせ

```
____Dim_i_As_Long
____With_ActivePresentation.Slides
_____For_i_=_1_To_.Count
_____.Item(i).Select
_____MsgBox_.Item(i).Layout
_____Next_i
____End_With
```

アクティブなプレゼンテーションの全スライドを指定するWith文

行数は増えるが1行あたりの文字数が減る

Itemメソッドを明記する必要がある

● 全スライドに対するFor Each〜Next文

1 Subプロシージャを作成する `Chapter_4.pptm`

For Each〜Next文で、全スライドに対してループ処理を行うSubプロシージャを作りましょう。

```
001 Sub_全スライドに対するループ処理_オブジェクト変数()
002 ____Dim_sld_As_Slide
003 ____For_Each_sld_In_ActivePresentation.Slides
004 _____sld.Select
005 _____MsgBox_sld.Layout
006 ____Next_sld
007 End_Sub
```

1 Subプロシージャの作成

> Setキーワードを使ったオブジェクト変数への代入文を先に暗記してしまった方の中には、For Each〜Next文でSetをどこに入れればいいのか考えてしまう方もいますが、Lesson 11で確認したとおりFor Each〜Next文の場合にSetは不要です。

2 Subプロシージャを実行する

作成したSubプロシージャを実行して、アクティブなプレゼンテーションの全スライドが順番に選択され、レイアウトを表す数値がメッセージボックスに表示されることを確認します。

```
(General)
Sub 全スライドに対するループ処理_オブジェクト変数()
    Dim sld As Slide
    For Each sld In ActivePresentation.Slides
        sld.Select
        MsgBox sld.Layout
    Next sld
End Sub
```

1 Subプロシージャ内にカーソルを置いてF5キーを押して実行

順番にスライドが選択され
レイアウトを表す数値が表
示されます。

● 全スライドに対するFor～Next文

1 Subプロシージャを作成する

続いてFor～Next文で、全スライドに対してループ処理を行うSubプロシージャを作りましょう。

```
001  Sub_全スライドに対するループ処理_カウンター変数()
002  ____Dim_i_As_Long
003  ____With_ActivePresentation.Slides
004  _____For_i_=_1_To_.Count
005  _____.Item(i).Select
006  _____MsgBox_.Item(i).Layout
007  _____Next_i
008  ____End_With
009  End_Sub
```

1 Subプロシージャの作成

> Presentation.SlidesがSlidesコレクションを返すこと
> (Lesson 22参照)、Slides.Itemが Slideオブジェクト
> を返すこと (Lesson 23参照)を、意識してください。

2 Subプロシージャを実行する

作成したSubプロシージャを実行し、先ほどと同じ実行結果となることを確認します。

Lesson 29

[SlidesコレクションのAddメソッド]

Slideを追加するメソッドについて学習しましょう

このレッスンのポイント

Lesson 25では、単独のスライドを表すSlideオブジェクトが持つ、スライドの選択や削除を行うメソッドについて学習しました。スライドを追加するメソッドは、Slideオブジェクトではなく、Slidesコレクションに用意されています。

→ スライドを追加するAddSlideメソッドとAddメソッド

VBAからスライドを追加する場合、Slidesコレクションに用意されているAddSlideメソッドまたはAddメソッドを利用します。

AddSlideメソッドはバージョン2007で登場した比較的新しいメソッドですが、引数にオブジェクトを取

得するコードを指定する必要があり、バージョン2003以前から存在するAddメソッドよりも習得の難易度が高くなっています。PowerPoint VBAを学習し始めたばかりの方は、先にAddメソッドを理解することをおすすめします。

▶ AddSlideではレイアウトの指定をCustomLayoutで行う必要がある

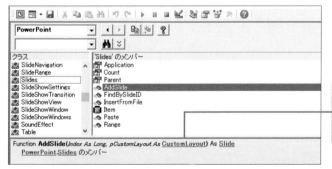

引数 pCustomLayoutには CustomLayoutオブジェクトを指定しなければならない

CustomLayoutオブジェクトを引数に指定するということは、CustomLayoutオブジェクトを取得する何らかのコードを書くということであり、そのためにはCustomLayoutオブジェクトを理解していることが必要になります。

→ Addメソッドはオブジェクトブラウザーで非表示になっている

SlidesのAddメソッドは非表示メンバーになっている ため、コーディング時に自動メンバー表示されませ んが、2007以降のバージョンでも問題なく使えます。

オブジェクトブラウザーで［非表示のメンバーを表 示］をOnにすれば、コーディング時にも自動メンバ ー表示されるようになります。

> 非表示のメンバーを表示する
> 操作は、実習ページでやって
> みましょう。

→ Addメソッドはレイアウトを定数で指定

SlidesコレクションのAddメソッドの引数には、スラ イドを追加する位置と、スライドのレイアウトを指 示する定数を指定します。
レイアウトに指定する定数は、Lesson 27で学習し たLayoutプロパティで取得・設定できる定数と同じ く、PpSlideLayout列挙型として定義されています。 「ActivePresentation.Slides.Add Index:=1,

Layout:=ppLayoutBlank」を実行すると、アクティブ なプレゼンテーションの先頭（Index:=1）に、空白 （Layout:=ppLayoutBlank）のスライドが追加されま す。
Slides.AddメソッドはLesson 08で確認したオブジェ クトを返すメソッドで、新規に挿入されたスライド を表すSlideオブジェクトを返します。

▶ ActivePresentation.Slides.Add Index:=1, Layout:=ppLayoutBlank の意味

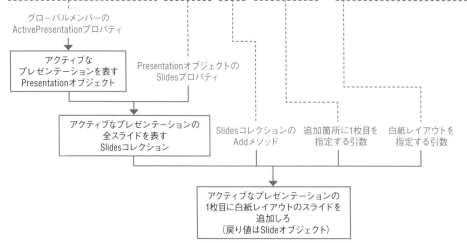

○ Slides.Addを確認するSubプロシージャの実行

1 Subプロシージャを作成する `Chapter_4.pptm`

アクティブなプレゼンテーションの先頭に、白紙スライドを挿入するSubプロシージャを作りましょう。

1 Slide型オブジェクト変数の宣言

2 白紙レイアウトのスライドを挿入

```
001  Sub_Slideの新規作成を確認する()
002  ____Dim_sld_As_Slide
003  ____Set_sld_=_ActivePresentation.Slides.Add(Index:=1,_Layout:=ppLayoutBlank)
004  ____sld.Select
005  End_Sub
```

3 挿入された白紙スライドを選択

解説ページで見たように、スライドの挿入を行うだけなら、Slides.Addメソッドの引数をくくるカッコは不要ですが、ここでは戻り値を変数に代入しているためカッコが必要です。

2 Subプロシージャを実行する

作成したSubプロシージャを実行し、アクティブなプ　　選択されることを確認します。
レゼンテーションの先頭に白紙スライドが挿入され、

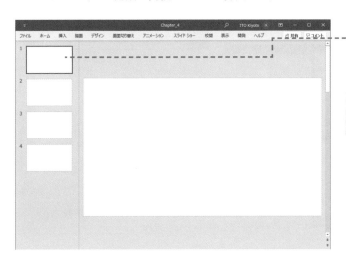

先頭に白紙スライドが挿入され選択されました。

ローカルウィンドウを表示した状態でステップ実行を行い、Slides.AddメソッドがSlideオブジェクトを返す様子も確認してください。

● Slides.Addをオブジェクトブラウザーで確認する

1 Slidesコレクションを選択する

オブジェクトブラウザーで、SlidesコレクションのAddメソッドを確認しましょう。

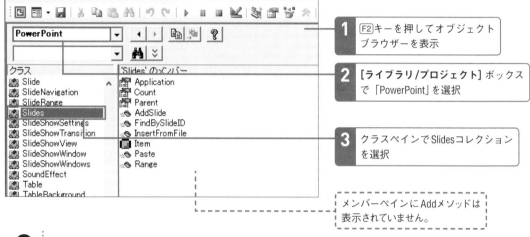

1 F2キーを押してオブジェクトブラウザーを表示

2 [ライブラリ/プロジェクト] ボックスで「PowerPoint」を選択

3 クラスペインでSlidesコレクションを選択

メンバーペインにAddメソッドは表示されていません。

2 非表示メンバーを表示する

オブジェクトブラウザーで非表示になっているプロパティやメソッドを表示しましょう。

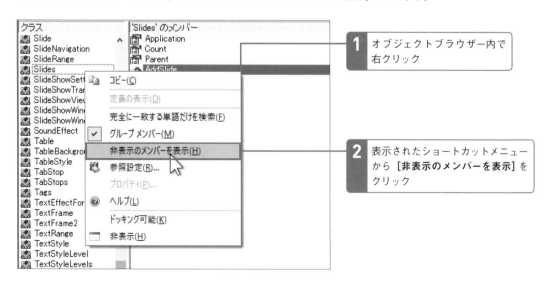

1 オブジェクトブラウザー内で右クリック

2 表示されたショートカットメニューから [非表示のメンバーを表示] をクリック

スライドを表すオブジェクトを学ぼう

Chapter 4

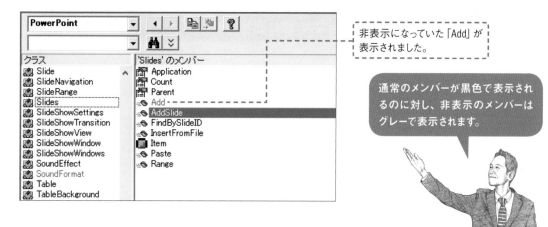

非表示になっていた「Add」が
表示されました。

通常のメンバーが黒色で表示され
るのに対し、非表示のメンバーは
グレーで表示されます。

3 Slides.Addメソッドを確認する

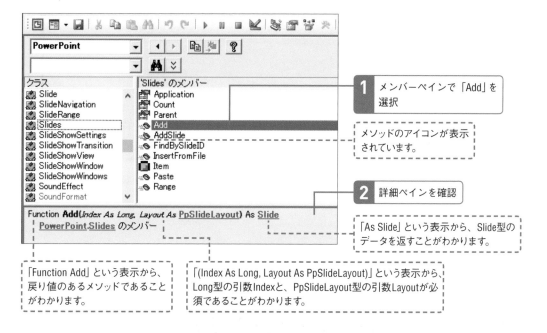

1 メンバーペインで「Add」を
選択

メソッドのアイコンが表示
されています。

2 詳細ペインを確認

「As Slide」という表示から、Slide型の
データを返すことがわかります。

「Function Add」という表示から、
戻り値のあるメソッドであること
がわかります。

「(Index As Long, Layout As PpSlideLayout)」という表示から、
Long型の引数Indexと、PpSlideLayout型の引数Layoutが必
須であることがわかります。

確認できたら [非表示のメンバーを表示] は、Offの状態に戻して
おきましょう。Slides.Addメソッドは将来使えなくなる可能性も否
定できませんが、後方互換性を大切にするMicrosoftの主力製品
ですから、その可能性はそれほど高くないと、私は考えています。

👍 ワンポイント このChapterで学習した主な内容

階層的にExcelのワークシートに近いのがPowerPointのスライドである。

個々のスライドはSlideオブジェクトで、全スライドはSlidesコレクションで操作できる。

Slidesコレクションを取得するSlidesプロパティはグローバルメンバーではないため、上位階層の
Presentationオブジェクトを取得するコードから書く必要がある。

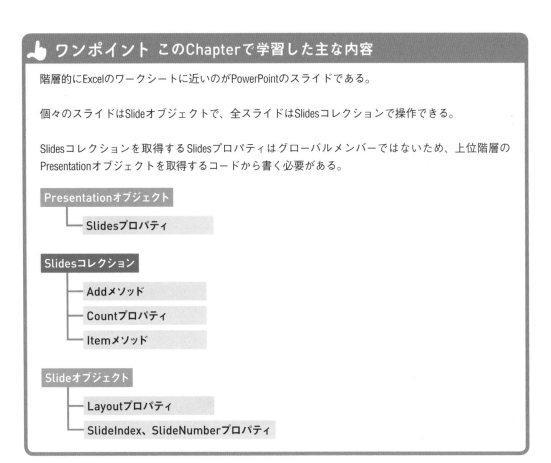

Presentationオブジェクト
- Slidesプロパティ

Slidesコレクション
- Addメソッド
- Countプロパティ
- Itemメソッド

Slideオブジェクト
- Layoutプロパティ
- SlideIndex、SlideNumberプロパティ

Excel VBAではWorkbookの下位に、ワークシートを表すオブジェクト
とグラフシートを表すオブジェクトが存在するのに対し、PowerPoint
VBAの場合、Presentationの主要な下位オブジェクトはスライドを表
すオブジェクトだけですから、Excel VBAよりも理解しやすかったはず
です。

Chapter

5

図形を表す
オブジェクトを
学ぼう

Excel VBAで図形を取得・操作するコードを書いたことがない方にとっては、図形を表すShapeオブジェクトが、PowerPoint VBAの関門の1つです。スライド上の操作対象は、すべてShapeオブジェクトであることを理解しましょう。

Lesson 30 [ShapesとShape]
図形を表すオブジェクトのイメージをつかみましょう

このレッスンのポイント

ここまで学習してきた、プレゼンテーションやスライドを表すオブジェクトとは異なり、このChapterで学習する図形を表すオブジェクトは、Excelとの比較・類推で学習しづらいオブジェクトです。まずはイメージをつかみましょう。

→ Slideの下位オブジェクトはExcelのRangeとはまったく異なる

前のChapterまでで、PowerPointの主要なオブジェクトの中で、PresentationとSlideについて学習してきました。これらは、Excel VBAのWorkbookやWorksheetと似た部分があるため、既存の知識を応用することで理解できたのではないかと思います。

これに対して、このChapterで学習する図形を表すオブジェクトは、Excel VBAの知識を応用できる部分が少なくなる学習項目です。

Excel VBAの場合、Worksheetのもっとも主要な下位オブジェクトはセルを表すRangeオブジェクトです。これに対しPowerPoint VBAで、Slideの主要な下位オブジェクトはShapesコレクションとShapeオブジェクトです。

ShapesコレクションとShapeオブジェクトは、ExcelのRangeオブジェクトとは性質がかなり異なるオブジェクトです。

▶ ExcelとPowerPointの主要な階層構造の対比

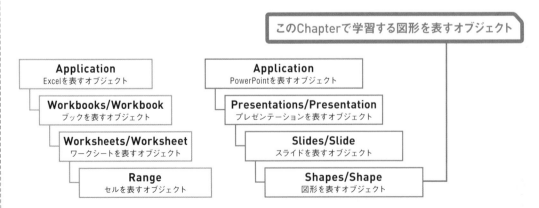

このChapterで学習する図形を表すオブジェクト

Application
Excelを表すオブジェクト

Workbooks/Workbook
ブックを表すオブジェクト

Worksheets/Worksheet
ワークシートを表すオブジェクト

Range
セルを表すオブジェクト

Application
PowerPointを表すオブジェクト

Presentations/Presentation
プレゼンテーションを表すオブジェクト

Slides/Slide
スライドを表すオブジェクト

Shapes/Shape
図形を表すオブジェクト

Placeholderオブジェクトは存在しない

手作業でプレゼンテーションを作成する場合、スライド上に配置されているプレースホルダーと呼ばれる領域に、何らかのコンテンツを作成します。スライドのタイトル、箇条書きの項目、表、グラフ、スマートアートなど、いずれもプレースホルダー内に作成するのがPowerPoint操作の基本です。
この基本操作から推測すると、Slideオブジェクト

の下位には「Placeholder」といった名前のオブジェクトが存在していそうですが、そうではありません。PowerPoint VBAには、Placeholdersコレクションと、Placeholdersコレクションを取得するためのPlaceholdersプロパティは存在しますが、Placeholderオブジェクトは存在しません（プレースホルダーの詳細はChapter 7で学習します）。

▶ オブジェクトブラウザーでPlaceholderを検索しても見つからない

> Placeholdersコレクションは存在するが、Placeholderオブジェクトは存在しない

 ## スライド上の操作対象はすべてがShapeオブジェクト

スライド上に存在するすべての操作対象は、プレースホルダーも含めてShapeオブジェクトです。
［挿入］タブの［図形］ボタンから挿入できる（狭義の）図形はもちろん、テキストボックスも、表も、スマートアートも、スライド上に存在するすべての操作対象が、PowerPoint VBAではShapeオブジェクトで

す。スライド上に存在するすべてのモノ（オブジェクト）が図形の一種です。
また、1枚のスライド上に存在するすべてのShapeオブジェクトを含むコレクションが、Shapesコレクションです。

▶ Shapeオブジェクトの例

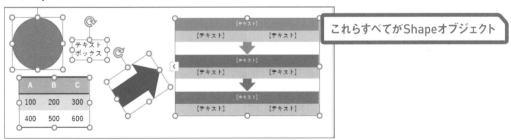

> これらすべてがShapeオブジェクト

→ ShapesとShapeに関係するサンプルマクロ内のコード

Lesson 06で実行した、「全タイトル文字列をイミデ　箇所がShapeオブジェクトに関係します。
ィエイトウィンドウに出力する」マクロでは、以下の

▶「全タイトル文字列をイミディエイトウィンドウに出力する」マクロ

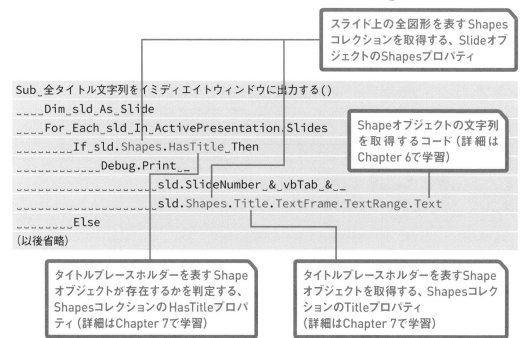

```
Sub_全タイトル文字列をイミディエイトウィンドウに出力する()
____Dim_sld_As_Slide
____For_Each_sld_In_ActivePresentation.Slides
_____If_sld.Shapes.HasTitle_Then
_____Debug.Print__
_____sld.SlideNumber_&_vbTab_&__
_____sld.Shapes.Title.TextFrame.TextRange.Text
_____Else
（以後省略）
```

スライド上の全図形を表すShapes
コレクションを取得する、Slideオブ
ジェクトのShapesプロパティ

Shapeオブジェクトの文字列
を取得するコード（詳細は
Chapter 6で学習）

タイトルプレースホルダーを表すShape
オブジェクトが存在するかを判定する、
ShapesコレクションのHasTitleプロパ
ティ（詳細はChapter 7で学習）

タイトルプレースホルダーを表すShape
オブジェクトを取得する、Shapesコレク
ションのTitleプロパティ
（詳細はChapter 7で学習）

👍 ワンポイント Excel VBAのShapeとPowerPoint VBAのShapeは似ている

PowerPoint VBAのShapesコレクション・Shapeオ
ブジェクトは、Excel VBAのShapesコレクション・
Shapeオブジェクトと、似た部分の多いオブジ
ェクトです。ですから、Excel VBAのShapes・
Shapeについて正しく理解している方は、その

知識を応用して、PowerPoint VBAのShapes・
Shapeを理解することができます。
また、PowerPoint VBAの図形操作について理解
すれば、Excel VBAの図形操作を理解しやすくな
ります。

Chapter 5

図形を表すオブジェクトを学ぼう

● Placeholderオブジェクトが存在しないことを確認する

オブジェクトブラウザーの検索機能を使って、ましょう。
Placeholderオブジェクトが存在しないことを確認し

1 検索条件を入力する

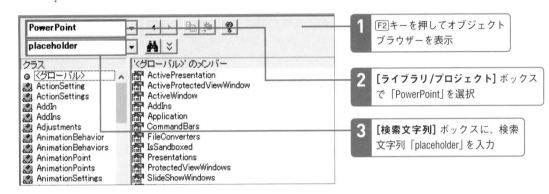

1 F2キーを押してオブジェクト
ブラウザーを表示

2 [ライブラリ/プロジェクト]ボックス
で「PowerPoint」を選択

3 [検索文字列]ボックスに、検索
文字列「placeholder」を入力

2 検索を実行して結果を確認する

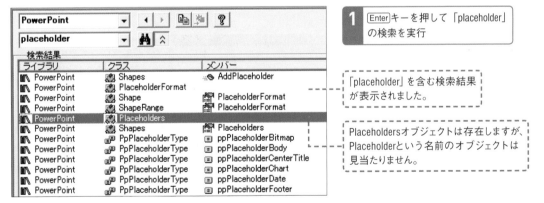

1 Enterキーを押して「placeholder」
の検索を実行

「placeholder」を含む検索結果
が表示されました。

Placeholdersオブジェクトは存在しますが、
Placeholderという名前のオブジェクトは
見当たりません。

ここまで本書では、オブジェクトブラウザーの
検索機能を使ってきませんでしたが、この実習
のように探したいものが明確な場合は、検索
機能が便利です。

全図形を表すShapesについて学習しましょう

このレッスンの
ポイント

1枚のスライド上に存在する全図形を表す、Shapesコレクションから見ていきましょう。Shapesコレクションは、Chapter 4で学習したSlideオブジェクトに用意されている、Shapesプロパティで取得できます。

→ 全図形を表すShapesコレクションを取得する

1枚のスライド上に存在する全図形を表すShapesコレクションは、Slideオブジェクトに用意されているShapesプロパティで取得できます。
「ActivePresentation.Slides.Item(1).Shapes」や「ActivePresentation.Slides(1).Shapes」で、アクティブなプ

レゼンテーションの先頭スライドに含まれる、全図形を表すShapesコレクションを取得できます（図形が存在しない場合でも、実行時エラーは発生しません）。

▶ ShapesコレクションとShapeオブジェクトのイメージ

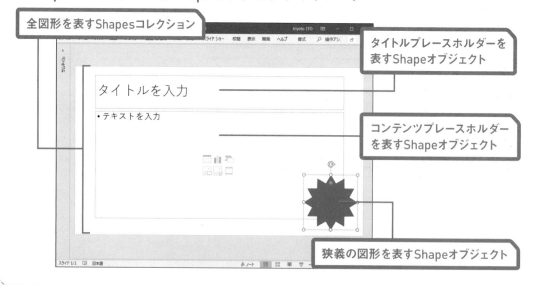

全図形を表すShapesコレクション

タイトルプレースホルダーを表すShapeオブジェクト

コンテンツプレースホルダーを表すShapeオブジェクト

狭義の図形を表すShapeオブジェクト

▶ ActivePresentation.Slides(1).Shapesの意味

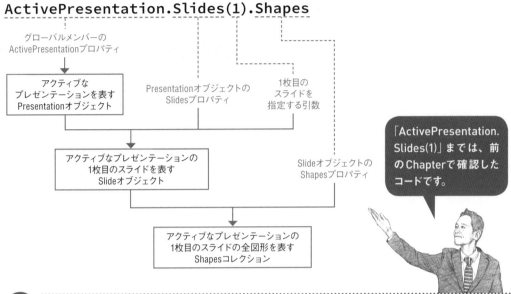

```
ActivePresentation.Slides(1).Shapes
```

グローバルメンバーの
ActivePresentationプロパティ

Presentationオブジェクトの
Slidesプロパティ

1枚目の
スライドを
指定する引数

アクティブな
プレゼンテーションを表す
Presentationオブジェクト

アクティブなプレゼンテーションの
1枚目のスライドを表す
Slideオブジェクト

Slideオブジェクトの
Shapesプロパティ

アクティブなプレゼンテーションの
1枚目のスライドの全図形を表す
Shapesコレクション

「ActivePresentation.
Slides(1)」までは、前
のChapterで確認した
コードです。

Shapesはグローバルなプロパティではない

1枚のスライド上に存在する全図形を表すShapesコレクションを取得するShapesプロパティは、グローバルメンバーではありません。Chapter 4で学習したSlideオブジェクトなどに用意されているプロパティですから、「.Shapes」というコードの前には、スライドを表すオブジェクトを取得するコードが必要です。

またLesson 22で学習したとおり、Slidesコレクションを取得するSlidesプロパティもグローバルメンバーではありませんから、「.Shapes」の前には、結局「ActivePresentation.Slides(1)」や「Presentations(1).Slides(1)」といったコードが書かれることになります。

ShapesはCountプロパティやItemメソッドを持つ

Shapesはコレクションですから、Lesson 17で学習したPresentationsコレクションや、Lesson 22で学習したSlidesコレクションと同様、CountプロパティとItemメソッドが用意されています(Lesson 10参照)。Countプロパティを使うと、Shapesコレクションに含まれる単独のShapeオブジェクトの数が取得でき、Itemメソッドを使うと、単独のShapeオブジェクトを

取得できます(Itemメソッドの詳細は次のLessonで学習します)。
「MsgBox ActivePresentation.Slides(1).Shapes.Count」を実行すると、アクティブなプレゼンテーションの先頭スライドに含まれるShapeオブジェクトの数がメッセージボックスに表示されます。

● Shapesを確認するSubプロシージャの実行

1 | Subプロシージャを作成する `Chapter_5.pptm`

Shapesコレクションの数を取得するSubプロシージャを作りましょう。

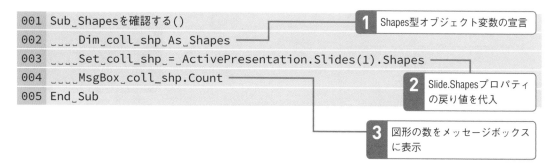

```
001 Sub_Shapesを確認する()
002 ____Dim_coll_shp_As_Shapes
003 ____Set_coll_shp_=_ActivePresentation.Slides(1).Shapes
004 ____MsgBox_coll_shp.Count
005 End_Sub
```

1 Shapes型オブジェクト変数の宣言

2 Slide.Shapesプロパティの戻り値を代入

3 図形の数をメッセージボックスに表示

2 | Subプロシージャを実行する

作成したSubプロシージャを実行し、アクティブなプレゼンテーションの先頭スライドに存在する図形の数が、メッセージボックスに表示されることを確認しましょう。

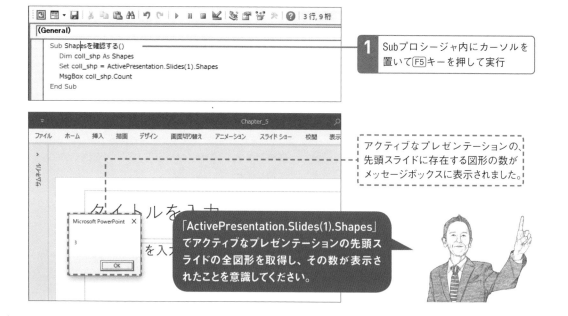

1 Subプロシージャ内にカーソルを置いて F5 キーを押して実行

アクティブなプレゼンテーションの、先頭スライドに存在する図形の数がメッセージボックスに表示されました。

「ActivePresentation.Slides(1).Shapes」でアクティブなプレゼンテーションの先頭スライドの全図形を取得し、その数が表示されたことを意識してください。

Chapter 5 図形を表すオブジェクトを学ぼう

● Shapesをローカルウィンドウで確認する

1 ローカルウィンドウを表示してステップ実行を開始する

先ほどのSubプロシージャをステップ実行して、Shapesコレクションのデータをローカルウィンドウで確認しましょう。

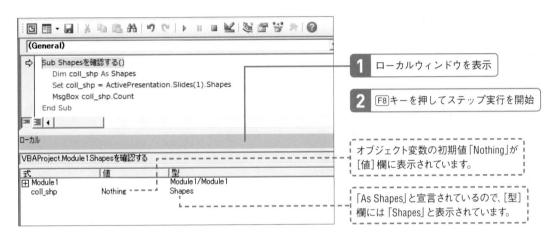

1 ローカルウィンドウを表示

2 F8 キーを押してステップ実行を開始

オブジェクト変数の初期値「Nothing」が[値]欄に表示されています。

「As Shapes」と宣言されているので、[型]欄には「Shapes」と表示されています。

2 ステップ実行を継続する

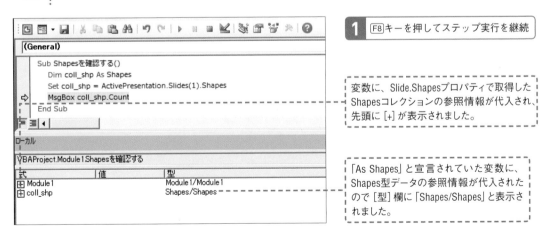

1 F8 キーを押してステップ実行を継続

変数に、Slide.Shapesプロパティで取得したShapesコレクションの参照情報が代入され、先頭に [+] が表示されました。

「As Shapes」と宣言されていた変数に、Shapes型データの参照情報が代入されたので [型] 欄に「Shapes/Shapes」と表示されました。

3 | オブジェクト変数の中身を確認する

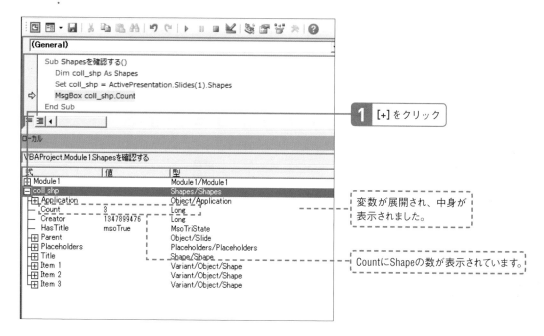

1 [+]をクリック

変数が展開され、中身が
表示されました。

CountにShapeの数が表示されています。

ローカルウィンドウに表示されている、Placeholders
プロパティはLesson 49で、HasTitleプロパティは
Lesson 53で学習します。

4 | ステップ実行を終了する

確認ができたら、メニューの［実行］－［リセット］をクリックしてステップ実行を終了します。

[ShapesコレクションのItemメソッド]

ShapesからShapeを取得する
コードを理解しましょう

**このレッスンの
ポイント**

スライド内の個々の図形を操作する場合、Shapeオブジェクトを利用します。スライドに含まれる全図形を表すShapesコレクションに用意されているItemメソッドで、単独の図形を表すShapeオブジェクトを取得できます。

→ インデックス番号でShapeオブジェクトを取得する

Shapesコレクションには、Lesson 18で学習したPresentationsコレクション、Lesson 23で学習したSlidesコレクションと同じように、単独のオブジェクトを取得するItemメソッドが用意されています。ShapesコレクションのItemメソッドで、単独の図形を表すShapeオブジェクトを取得できます。「ActivePresentation.Slides(1).Shapes.Item(1)」を実行すると、先頭スライドの1つ目のShapeオブジェクトを取得できます（図形が存在しない場合、実行時エラーが発生します）。

▶ ActivePresentation.Slides(1).Shapes.Item(1)の意味

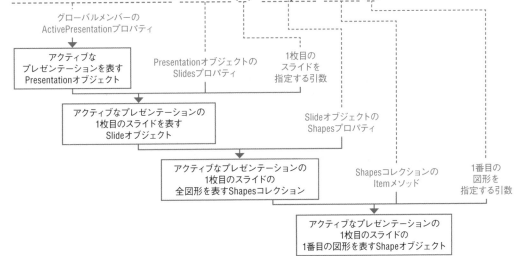

Shapes(1)はShapes.Item(1)の省略形である

Lesson 10で確認したとおり、コレクションから単独のオブジェクトを取得するItemメソッドはコレクションの既定メンバーですから、「Shapes.Item(1)」は「Shapes(1)」と書くこともできます。

通常は「.Item」を省略して「Shapes(1)」と書いて構いませんが、「.Item」を明記しなければならないケース（具体例はLesson 37参照）もありますから、「Shapes.Item(1)」という書き方にも慣れましょう。

▶ With文を使った「.Item」を明記しなければならないコードの例

```
____Dim_i_As_Long
____With_ActivePresentation.Slides(1).Shapes
_____For_i_=_1_To_.Count
_____.Item(i).Select
_____MsgBox_.Item(i).Type
_____Next_i
____End_With

____Dim_i_As_Long
____For_i_=_1_To_ActivePresentation.Slides(1).Shapes.Count
_____ActivePresentation.Slides(1).Shapes(i).Select
_____MsgBox_ActivePresentation.Slides(1).Shapes(i).Type
____Next_i
```

> With文を使っているので「.Item」を明記しなければならない

> With文を使わない場合、1行が長くなり読みづらいというデメリットがある

> このコードで使っている、SelectメソッドはLesson 36で、TypeプロパティはLesson 35で学習します。

👍 ワンポイント Itemの引数に指定するインデックス番号は重なり順で変化する

ShapesコレクションのItemメソッドに指定できるインデックス番号は固定されているわけではなく、前面や背面といった重なり順によって、変化します。最背面に存在する図形のインデックス番号が「1」で、前面に配置されている図形に「1」ずつ加えた番号が、自動的に振られます。

● Shapes.Itemを確認するSubプロシージャの実行

1 Subプロシージャを作成する `Chapter_5.pptm`

ShapesコレクションのItemメソッドでShapeオブジェクトを取得するSubプロシージャを作りましょう。

4行目のSelectメソッドはLesson 36で学習します。

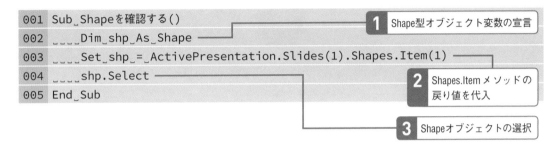

```
001  Sub_Shapeを確認する()
002  ____Dim_shp_As_Shape
003  ____Set_shp_=_ActivePresentation.Slides(1).Shapes.Item(1)
004  ____shp.Select
005  End_Sub
```

1 Shape型オブジェクト変数の宣言

2 Shapes.Item メソッドの戻り値を代入

3 Shapeオブジェクトの選択

2 Subプロシージャを実行する

標準表示モードで先頭スライドをアクティブにして実行します。

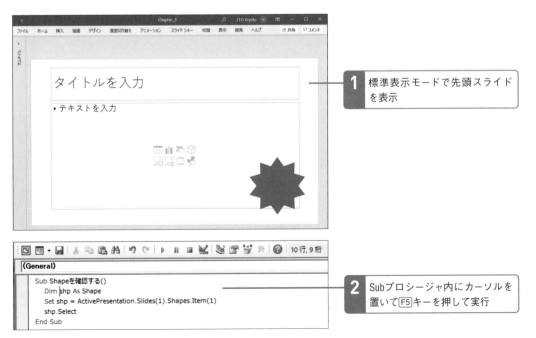

1 標準表示モードで先頭スライドを表示

2 Subプロシージャ内にカーソルを置いて F5 キーを押して実行

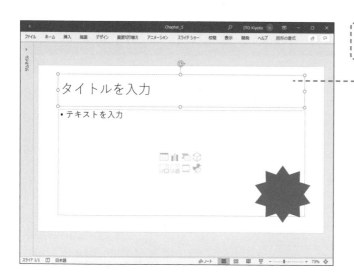

先頭スライドの1つ目の図形が選択されました。

選択された図形が、コード「Active Presentation.Slides(1).Shapes. Item(1)」で取得したShapeオブジェクトであることを、意識してください。

👍 ワンポイント 選択されている図形だけを取得したい場合

選択されている図形を操作する場合は「Active Window.Selection.ShapeRange」というコードを利用します。「ActiveWindow.Selection.ShapeRange」は、図形の選択状態によって、複数または1つの図形を表すオブジェクトを返します。

P.123のワンポイントで「ActiveWindow.Selection. SlideRange」というコードで、選択されているスライドを表すオブジェクトを取得できることをお伝えしました。選択されている図形を選択するコード「ActiveWindow.Selection.ShapeRange」 は、「ActiveWindow.Selection.SlideRange」とよく似ています。「ActiveWindow.Selection」の後ろが、SlideRangeならば選択されているスライドを、ShapeRangeならば選択されている図形を取得できます。

▶ ActiveWindow.Selection.ShapeRangeの意味

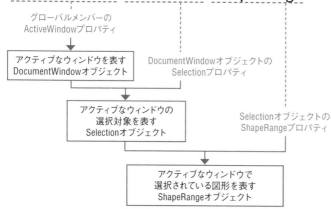

Lesson 33

[Shapesコレクションの確認]

Shapesコレクションをオブジェクトブラウザーで確認しましょう

**このレッスンの
ポイント**

ここまで見てきたShapesコレクションを、オブジェクトブラウザーで確認しましょう。ここからは、Lesson 12でお伝えしたショートカットキー [Shift] + [F2] も使い、コードから直接オブジェクトブラウザーを表示する操作も行っていきます。

● Slide.Shapesをオブジェクトブラウザーで確認する

1 コードウィンドウで「Shapes」内にカーソルを置く   Chapter_5.pptm

コードウィンドウからLesson 31で作成したSubプロシージャ上でショートカットキーを使ってオブジェ

トブラウザーの該当項目を直接表示しましょう。

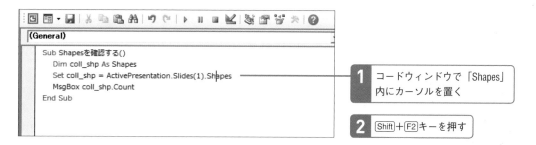

```
(General)

Sub Shapesを確認する()
    Dim coll_shp As Shapes
    Set coll_shp = ActivePresentation.Slides(1).Shapes
    MsgBox coll_shp.Count
End Sub
```

1 コードウィンドウで「Shapes」内にカーソルを置く

2 [Shift] + [F2] キーを押す

カーソルを置く場所は、「Shapes」プロパティ内であればどこでもOKです。

2 オブジェクトブラウザーでSlide.Shapesが表示された

SlideオブジェクトのShapesが表示されました。

プロパティのアイコンが表示されています。

「ActivePresentation.Slides(1)」の部分をイメージできない場合は、Lesson 24の実習をもう一度行ってください。

3 Slide.Shapesプロパティを確認する

「As Shapes」という表示から、Shapes型のデータを返すことがわかります。

Lesson 22で、Slidesプロパティがグローバルメンバーでないことを確認したように、Shapesプロパティがグローバルメンバーでないことも、あとで確認してください。

● Shapesコレクションを確認する

1 ┊ Shapesオブジェクトを表示する

SlideオブジェクトのShapesプロパティの返すShapesが、どのようなオブジェクトか確認しましょう。

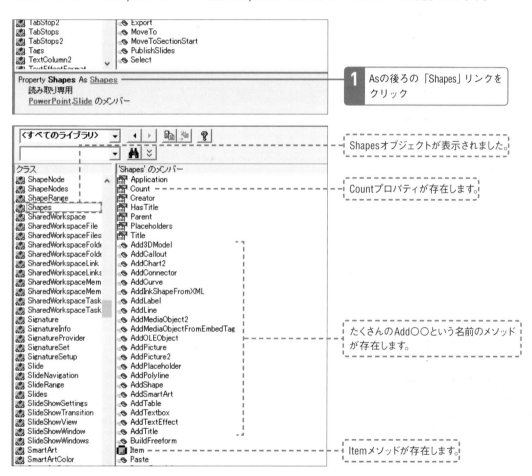

1 Asの後ろの「Shapes」リンクをクリック

Shapesオブジェクトが表示されました。

Countプロパティが存在します。

たくさんのAdd○○という名前のメソッドが存在します。

Itemメソッドが存在します。

CountプロパティとItemメソッドが存在することから、Shapesオブジェクトはコレクションであることが推測できます。

2 Shapes.Countプロパティを確認する

Shapesコレクションに用意されているCountプロパティを確認しましょう。

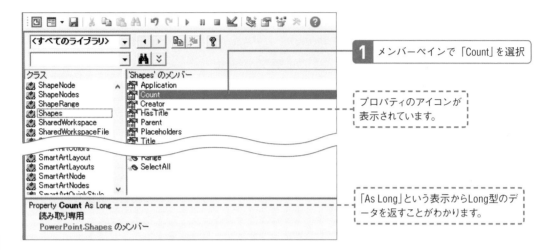

1 メンバーペインで「Count」を選択

プロパティのアイコンが
表示されています。

「As Long」という表示からLong型のデー
タを返すことがわかります。

3 Shapes.Itemメソッドを確認する

続いてItemメソッドを確認します。

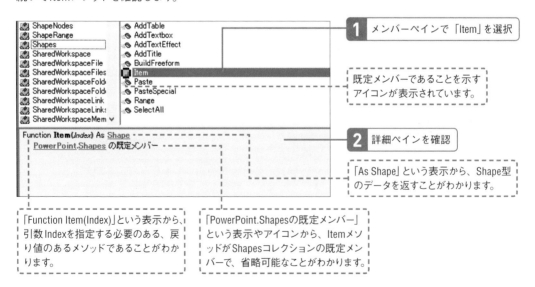

1 メンバーペインで「Item」を選択

既定メンバーであることを示す
アイコンが表示されています。

2 詳細ペインを確認

「As Shape」という表示から、Shape型
のデータを返すことがわかります。

「Function Item(Index)」という表示から、
引数Indexを指定する必要のある、戻
り値のあるメソッドであることがわか
ります。

「PowerPoint.Shapesの既定メンバー」
という表示やアイコンから、Itemメソ
ッドがShapesコレクションの既定メン
バーで、省略可能なことがわかります。

● Shapeオブジェクトを確認する

1 Shapeオブジェクトを表示する

ShapesコレクションのItemメソッドの返すShapeが、どのようなオブジェクトか、少しだけ見てみましょう。

1 Asの後ろの「Shape」リンクをクリック

Shapeオブジェクトが表示されました。

Shapeオブジェクトには、たくさんのプロパティとメソッドが用意されていることがわかります。このあとのLessonで特徴的なものを見ていきます。

34

[Shapeオブジェクトの位置・大きさ]

Shapeの位置と大きさを表す
プロパティについて学習しましょう

**このレッスンの
ポイント**

前のLessonで少しだけ見たように、単独の図形を表すShapeオブジェクトは、たくさんのプロパティを持っています。どのShapeも必ず持っている、図形の位置と大きさを取得・設定するプロパティから見ていきましょう。

→ Leftで左端を、Topで上端の位置を取得・設定できる

Shapeオブジェクトに用意されているLeftプロパティで図形の左端の位置を、Topプロパティで上端の位置を取得・設定できます。
「Msgbox ActivePresentation.Slides(1).Shapes(1).Left」を実行すると、アクティブなプレゼンテーションの先頭スライドの、1つ目の図形の左端の位置が

メッセージボックスに表示されます。同様に「Msgbox ActivePresentation.Slides(1).Shapes(1).Top」で、上端の位置がメッセージボックスに表示されます。
また、Shapeオブジェクトに用意されているWidthプロパティで幅を、Heightプロパティで図形の高さを取得・設定できます。

▶ ActivePresentation.Slides(1).Shapes(1).Leftの意味

```
ActivePresentation.Slides(1).Shapes(1).Left
```

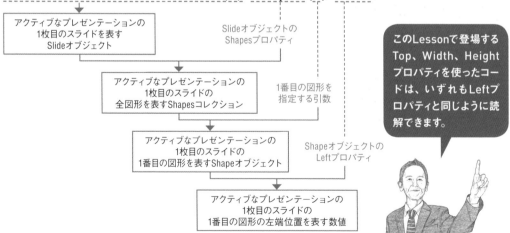

1 Subプロシージャを編集する `Chapter_5.pptm`

Lesson 32で作成したSubプロシージャを編集して、 ShapeオブジェクトのLeft、Top、Width、Heightプロ パティを確認しましょう。

```
001  Sub_Shapeを確認する()
002  ____Dim_shp_As_Shape
003  ____Set_shp_=_ActivePresentation.Slides(1).Shapes.Item(1)
004  ____shp.Select
005  ____MsgBox__
006  _____"Left_:_"_&_shp.Left_&_vbCrLf_&__
007  _____"Top_:_"_&_shp.Top_&_vbCrLf_&__
008  _____"Width_:_"_&_shp.Width_&_vbCrLf_&__
009  _____"Height_:_"_&_shp.Height
010  End_Sub
```

1 Left、Top、Width、Height を
メッセージボックスに表示

2 Subプロシージャを実行する

標準表示モードで先頭スライドをアクティブにして実行します。

1 標準表示モードで先頭スライド
を表示

NEXT PAGE → | 167

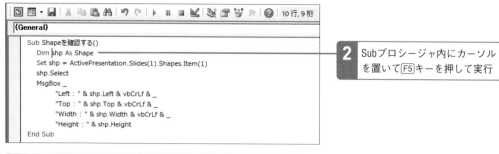

```
(General)

Sub Shapeを確認する()
    Dim shp As Shape
    Set shp = ActivePresentation.Slides(1).Shapes.Item(1)
    shp.Select
    MsgBox _
        "Left : " & shp.Left & vbCrLf & _
        "Top : " & shp.Top & vbCrLf & _
        "Width : " & shp.Width & vbCrLf & _
        "Height : " & shp.Height
End Sub
```

2 Subプロシージャ内にカーソル を置いて F5 キーを押して実行

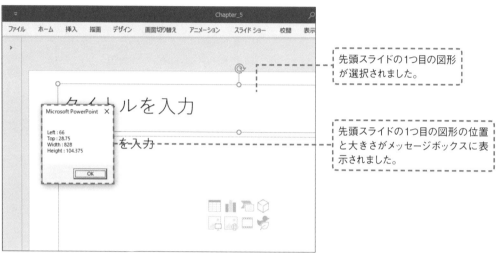

先頭スライドの1つ目の図形 が選択されました。

先頭スライドの1つ目の図形の位置 と大きさがメッセージボックスに表 示されました。

👍 ワンポイント Shape.Leftなどの戻り値はSingle型

このLessonでお伝えしたShapeオブジェクトの Left、Top、Width、Heightプロパティは、いずれ も戻り値は Sigle（単精度浮動小数点）型として

定義されています。オブジェクトブラウザーで 確認してみてください。

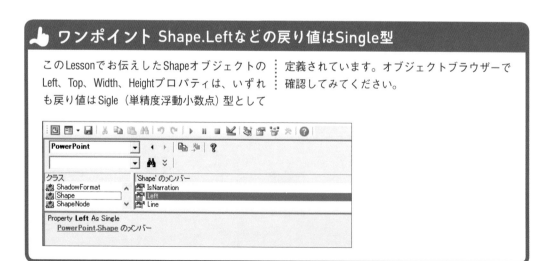

Lesson 35

[ShapeオブジェクトのTypeプロパティ]

Typeプロパティで Shapeの 大まかな種類がわかります

このレッスンの
ポイント

スライド上のすべての操作対象がShapeであるため、Shapeオブジェクトには種類に関係するプロパティが複数用意されています。このLessonと Lesson 41でそれらを学習します。Shapeの大まかな種類を表すTypeプロパティから見ていきましょう。

➡ Shapeの種類に関係するプロパティは複数ある

Lesson 30で、スライド上のすべての操作対象が Shapeオブジェクトであることをお伝えしました。すべてがShapeオブジェクトであるといっても、図形の種類によってできることは大きく異なります。
直線やコネクタには文字を入力することはできませんが、四角形や楕円には文字を入力できます。表・

グラフ、スマートアートなども、やはりShapeオブジェクトですが、一般的な図形とは可能な操作はまったく違います。
スライド上のすべての操作対象が図形であっても、違いがたくさん存在します。そのためShapeの種類に関係するプロパティが複数用意されています。

▶ Shapeオブジェクトでも種類によって可能な操作は異なる

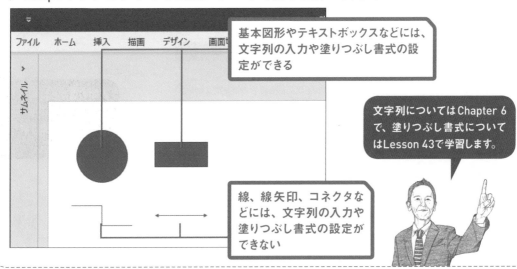

基本図形やテキストボックスなどには、文字列の入力や塗りつぶし書式の設定ができる

文字列については Chapter 6で、塗りつぶし書式についてはLesson 43で学習します。

線、線矢印、コネクタなどには、文字列の入力や塗りつぶし書式の設定ができない

Chapter 5

図形を表すオブジェクトを学ぼう

NEXT PAGE ➡

Shapeの大まかな種類を表すTypeプロパティ

ShapeオブジェクトのTypeプロパティを使うと、大まかな種類がわかります。
「ActivePresentation.Slides(1).Shapes(1).Type」で、アクティブなプレゼンテーションの先頭スライドの1つ目の図形の種類を取得できます。

ShapeオブジェクトのTypeプロパティは、MsoShapeType列挙型に定義されている定数を返します。
ただしTypeプロパティだけでは種類を完全には判定できず、他のプロパティを見なければならないケースもあります。詳細はLesson 41で学習します。

▶ ActivePresentation.Slides(1).Shapes(1).Typeの意味

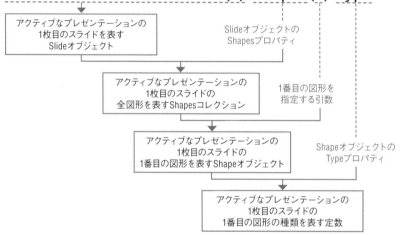

▶ Typeプロパティが返すMsoShapeType列挙型に定義されている定数（抜粋）

定数	値	意味
msoPlaceholder	14	プレースホルダー
msoAutoShape	1	[図形] ボタンから挿入できる多くの図形
msoTextBox	17	テキストボックス
msoLine	9	直線
msoGroup	6	グループ化された図形
msoPicture	13	リボンから挿入した画像
msoTable	19	リボンから挿入した表
msoChart	3	リボンから挿入したグラフ
msoSmartArt	24	リボンから挿入したSmartArt

人間の目からは同じように見えても、Typeプロパティが返す値は異なることがあります。

● Shape.Typeを確認するSubプロシージャの実行

1 Subプロシージャを編集する　`Chapter_5.pptm`

前のLessonで編集したSubプロシージャをさらに編
集して、ShapeオブジェクトのTypeプロパティを確認 ⋮ しましょう。

1 前のLessonで追加したLeft、Top、Width、Heightをメッセージボックスに表示するコードを削除

```
001 Sub_Shapeを確認する()
002 ____Dim_shp_As_Shape
003 ____Set_shp_=_ActivePresentation.Slides(1).Shapes.Item(1)
004 ____shp.Select
005 ____MsgBox_shp.Type
006 End_Sub
```

2 図形の種類をメッセージボックスに表示

紙面の都合もあって、本書では削除していますが、もちろんコメントアウトでも構いません。

2 Subプロシージャを実行する

標準表示モードで先頭スライドをアクティブにして実行します。

1 標準表示モードで先頭スライドを表示

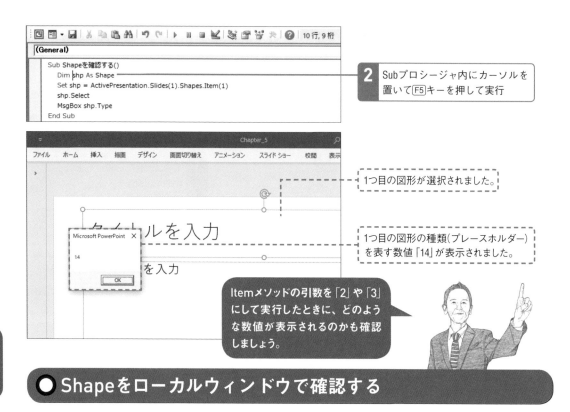

2 Subプロシージャ内にカーソルを置いて[F5]キーを押して実行

1つ目の図形が選択されました。

1つ目の図形の種類（プレースホルダー）を表す数値「14」が表示されました。

Itemメソッドの引数を「2」や「3」にして実行したときに、どのような数値が表示されるのかも確認しましょう。

● Shapeをローカルウィンドウで確認する

1 ローカルウィンドウを表示してステップ実行を開始する

先ほどのSubプロシージャをステップ実行して、Shapeオブジェクトのデータをローカルウィンドウで確認しましょう。

1 ローカルウィンドウを表示

2 [F8]キーを押してステップ実行を開始

オブジェクト変数の初期値「Nothing」が[値]欄に表示されています。

「As Shape」と宣言されているので、[型]欄には「Shape」と表示されています。

2 ステップ実行を継続する

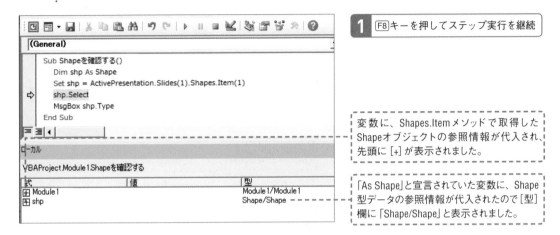

1 F8 キーを押してステップ実行を継続

変数に、Shapes.Item メソッドで取得した Shapeオブジェクトの参照情報が代入され、先頭に [+] が表示されました。

「As Shape」と宣言されていた変数に、Shape型データの参照情報が代入されたので [型] 欄に「Shape/Shape」と表示されました。

3 オブジェクト変数の中身を表示する

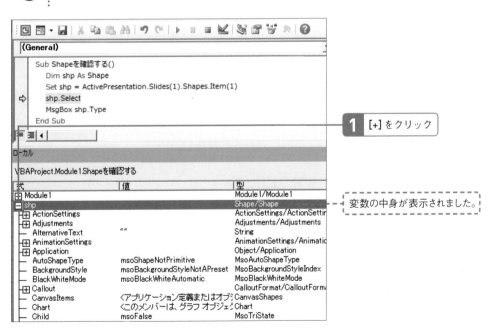

1 [+] をクリック

変数の中身が表示されました。

4 Typeプロパティを確認する

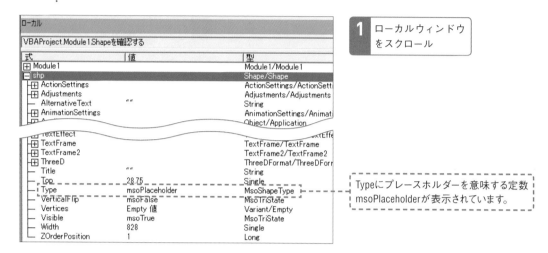

1 ローカルウィンドウ
をスクロール

Typeにプレースホルダーを意味する定数
msoPlaceholderが表示されています。

5 ステップ実行を終了する

確認ができたら、メニューの [実行] - [リセット] をクリックしてステップ実行を終了します。

● Shape.Typeをオブジェクトブラウザーで確認する

1 コードウィンドウで「Type」内にカーソルを置く

コードからオブジェクトブラウザーを表示して、　　　しょう。
Shapeオブジェクトの Typeプロパティを確認しま

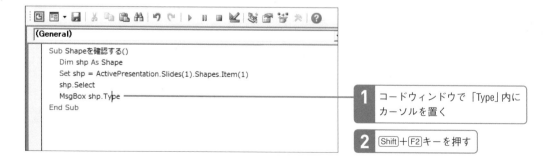

1 コードウィンドウで 「Type」内に
カーソルを置く

2 Shift + F2 キーを押す

2 | Shape.Typeを確認する

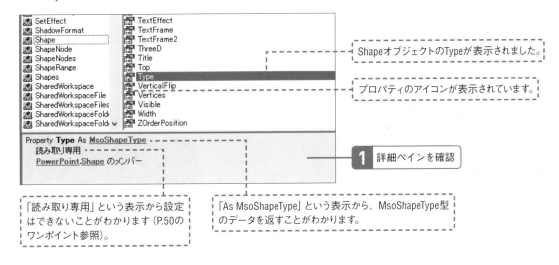

ShapeオブジェクトのTypeが表示されました。

プロパティのアイコンが表示されています。

1 詳細ペインを確認

「読み取り専用」という表示から設定はできないことがわかります（P.50のワンポイント参照）。

「As MsoShapeType」という表示から、MsoShapeType型のデータを返すことがわかります。

ここまでは詳細ペインの「読み取り専用」表示に注目してきませんでしたが、オブジェクトブラウザーに慣れてきたことでしょうから、この表示にも注意を向けるようにしましょう。

● MsoShapeType列挙型をオブジェクトブラウザーで確認する

1 | MsoShapeType列挙型を表示する

Shape オブジェクトの Type プロパティが返す MsoShapeType 列挙型を確認しましょう。

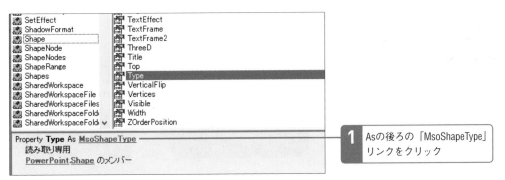

1 Asの後ろの「MsoShapeType」リンクをクリック

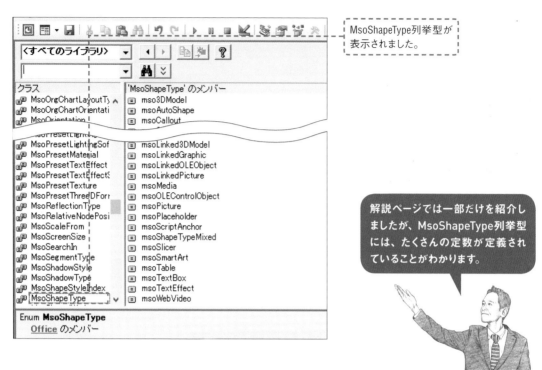

MsoShapeType列挙型が
表示されました。

解説ページでは一部だけを紹介しましたが、MsoShapeType列挙型には、たくさんの定数が定義されていることがわかります。

2 定数msoPlaceholderを確認する

たくさんの定数の中から、msoPlaceholderを確認します。

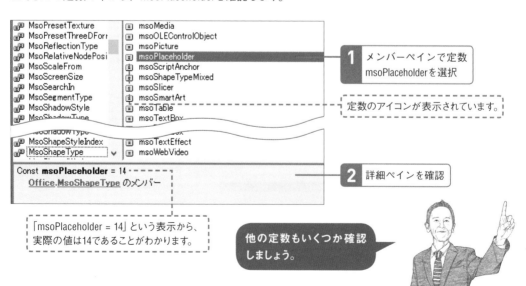

1 メンバーペインで定数msoPlaceholderを選択

定数のアイコンが表示されています。

2 詳細ペインを確認

「msoPlaceholder = 14」という表示から、実際の値は14であることがわかります。

他の定数もいくつか確認しましょう。

[Shapeオブジェクトのメソッド]

Shapeが持つメソッドについて学習しましょう

**このレッスンの
ポイント**

Shapeオブジェクトは Lesson 34、35で紹介した以外にも、たくさんのプロパティを持っていますが、ここでいったんメソッドを見ましょう。PowerPoint上で人間が行う図形に対する操作に対応するメソッドが、Shapeオブジェクトには用意されています。

→ 図形を削除するDeleteメソッド

Shapeオブジェクトに用意されている Deleteメソッドを使うと図形を削除できます。
「ActivePresentation.Slides(1).Shapes(1).Delete」を実行すると、アクティブなプレゼンテーションの先

頭スライドの1つ目の図形が削除されます。
Shape.Deleteメソッドは、Lesson 08で確認した何も返さないメソッドです。

▶ ActivePresentation.Slides(1).Shapes(1).Deleteの意味

`ActivePresentation.Slides(1).Shapes(1).Delete`

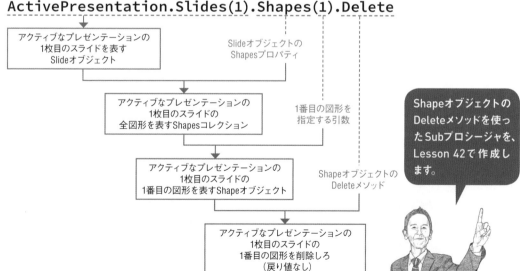

図形を選択するSelectメソッド

ShapeオブジェクトのSelectメソッドで図形を選択できます。

Lesson 35までの実習で、「ActivePresentation.Slides(1).Shapes.Item(1).Select」というコードを実行しました。このSelectが、ShapeオブジェクトのSelectメソッドです。

Shape.Selectメソッドも、Lesson 08で確認した、何も返さないメソッドに該当します。

Shape.Selectメソッドは、選択済み図形の選択状態を解除するかどうかを、引数で指定できます。引数Replaceに、定数msoFalseを指定すると選択されている図形に追加する形で図形を選択でき、定数msoTrueを指定すると選択されていた図形の選択状態は解除されます。

選択されている図形が存在する状態で、「.Shapes(1).Select Replace:=msoTrue」を実行すると、1つ目の図形だけが選択されます。これに対し「.Shapes(1).Select Replace:=msoFalse」を実行すると、選択されていた図形の選択状態は解除されず、1つ目の図形も追加で選択されます。

引数Replaceを指定しなかった場合は、Replace:=msoTrueが指定されたとみなされます。

▶ ActivePresentation.Slides(1).Shapes(1).Select Replace:=msoFalseの意味

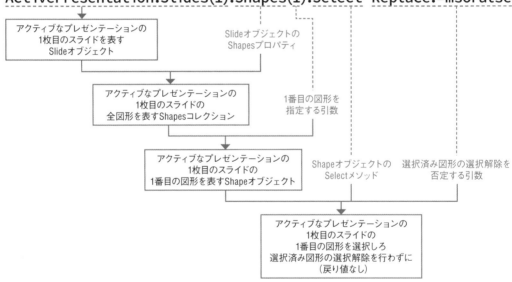

Lesson 25で学習した、SlideオブジェクトのSelectメソッドは引数を指定できません。同じ名前の似た挙動をするメソッドでも詳細な仕様が異なるケースがあることに注意してください。

Chapter 5
図形を表すオブジェクトを学ぼう

37 全図形に対して ループ処理を行いましょう

[全図形に対するループ処理]

**このレッスンの
ポイント**

ここまで学習した内容を踏まえて、スライド上の全図形に対してループ処理を行うSubプロシージャを作りましょう。Lesson 35で学習した図形の種類を表す数値を順番に表示します。For Each～Next文を、For～Next文でも書き直せることも確認しましょう。

→ オブジェクト変数を使った全図形に対するFor Each～Next文

スライドに含まれる全図形に対してループ処理を行う場合、For Each～Next文が便利です。「For Each オブジェクト変数 In ActivePresentation.Slides(1).Shapes」で、アクティブなプレゼンテーションの、先頭スライドの全図形に対するループ処理ができます。

標準表示モードで先頭スライドをアクティブにして以下のコードを実行すると、図形が順番に選択され、種類を表す数値がメッセージボックスに表示されます。

▶ 全図形に対するFor Each～Next文

Shape型オブジェクト変数の宣言

```
____Dim_shp_As_Shape
____For_Each_shp_In_ActivePresentation.Slides(1).Shapes
_____shp.Select
_____MsgBox_shp.Type
____Next_shp
```

アクティブなプレゼンテーションの先頭スライドの全図形に対するFor Each～Next文

図形の選択

図形の種類をメッセージボックスに表示

Lesson 28で作成した、全スライドに対するFor Each～Nextループと似ている点を確認しましょう。

→ カウンター変数を使った全図形に対するFor〜Next文

Lesson 28の全スライドに対するループ処理でも確認したとおり、通常VBAのFor Each〜Next文は、For〜Next文でも書くことができます。
以下のようなコードでも、アクティブなプレゼンテーションの先頭スライドに含まれる図形が順番に選択され、種類を表す数値がメッセージボックスに表示されます。

▶ 全図形に対するFor〜Next文

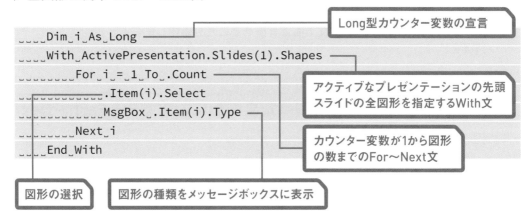

```
    Dim i As Long
    With ActivePresentation.Slides(1).Shapes
        For i = 1 To .Count
            .Item(i).Select
            MsgBox .Item(i).Type
        Next i
    End With
```

Long型カウンター変数の宣言

アクティブなプレゼンテーションの先頭スライドの全図形を指定するWith文

カウンター変数が1から図形の数までのFor〜Next文

図形の選択

図形の種類をメッセージボックスに表示

このコードは、With文にしなくても書けますが、その場合「ActivePresentation.Slides(1).Shapes」が、何度も書かれることになります。Lesson 28で作成した、With文を組み合わせた全スライドに対するFor〜Next文と似ている点も確認しましょう。

Chapter 5
図形を表すオブジェクトを学ぼう

● 全図形に対するFor Each〜Next文

1 ｜ Subプロシージャを作成する　Chapter_5.pptm

For Each〜Next文を使って、指定したスライドの全　┊　作りましょう。
図形に対してループ処理を行うSubプロシージャを

```
001  Sub_全図形に対するループ処理_オブジェクト変数()        1  Subプロシージャの作成
002  ____Dim_shp_As_Shape
003  ____For_Each_shp_In_ActivePresentation.Slides(1).Shapes
004  _____shp.Select
005  _____MsgBox_shp.Type
006  ____Next_shp
007  End_Sub
```

2 ｜ Subプロシージャを実行する

標準表示モードで先頭スライドをアクティブにして実行します。

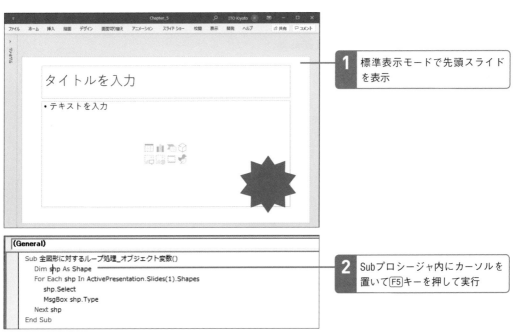

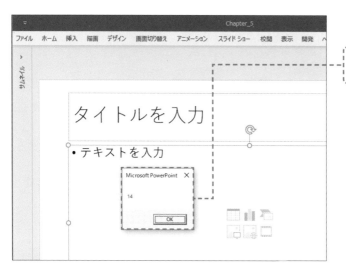

順番に図形が選択され、種類を表す数値が表示されます。

先頭スライドにテキストボックスや直線などを追加してから再度Subプロシージャを実行して、メッセージボックスにどのような数値が表示されるかも確認しましょう。

● 全図形に対するFor～Next文

1 Subプロシージャを作成する

For～Next文を使っても、指定したスライドの全図 ： しょう。
形に対してループ処理ができることを確認しま

```
001  Sub_全図形に対するループ処理_カウンター変数()
002  ____Dim_i_As_Long
003  ____With_ActivePresentation.Slides(1).Shapes
004  _____For_i_=_1_To_.Count
005  _____.Item(i).Select
006  _____MsgBox_.Item(i).Type
007  _____Next_i
008  ____End_With
009  End_Sub
```

1 Subプロシージャの作成

2 Subプロシージャを実行する

作成したSubプロシージャを実行し、先ほどと同じ実行結果となることを確認します。

38

AutoShapeTypeプロパティで
Shapeの形状を取得・設定できます

このレッスンの
ポイント

PowerPointでは、さまざまな形状の図形を挿入できます。挿入済みの図形の形状を変更することもできます。これらをVBAから操作する場合、Shapeオブジェクトに用意されているAutoShapeTypeプロパティを利用します。

→ 図形の形状を取得・設定するAutoShapeTypeプロパティ

PowerPointに限らず、ExcelでもWordでも、［挿入］タブ－［図形］コマンドから、さまざまな形状をした狭義の図形（バージョン2003までのオートシェイプ）を挿入できます。挿入済みの図形については、［描画ツール］－［書式］タブ［図形の編集］－［図形の変更］コマンドから形状を変更できます。
VBAから図形の形状を取得・設定するには、AutoShapeTypeプロパティを利用します。

▶ ［挿入］タブ－［図形］コマンド

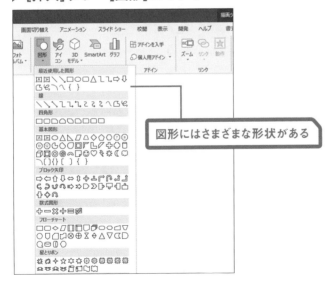

図形にはさまざまな形状がある

PowerPoint上で［図形の変更］コマンドであとから形状を変更できるのと同様に、AutoShapeTypeプロパティは設定変更も可能です。一方、Lesson 35で学習したTypeプロパティやLesson 41で学習するHas○○プロパティは、取得しかできません。

AutoShapeTypeプロパティで取得・設定できる定数

AutoShapeTypeプロパティは、MsoAutoShapeType 列挙型に定義された定数を取得・設定できます。 MsoAutoShapeType列挙型には、図形の形状に応じた、たくさんの定数が定義されています。

MsoAutoShapeType列挙型に定義された定数は、次のLessonで学習するShapes.AddShapeメソッドの引数として指定することもできます。

▶ MsoAutoShapeType列挙型に定義された定数(抜粋)

定数	値	形状	
msoShapeRectangle	1	正方形/長方形	
msoShapeParallelogram	2	平行四辺形	
msoShapeTrapezoid	3	台形	
msoShapeDiamond	4	ひし形	
msoShapeRoundedRectangle	5	四角形：角を丸くする	
msoShapeOctagon	6	八角形	
msoShapeIsoscelesTriangle	7	二等辺三角形	
msoShapeRightTriangle	8	直角三角形	
msoShapeOval	9	楕円	
msoShapeHexagon	10	六角形	
msoShapeCross	11	十字形	
msoShapeRegularPentagon	12	五角形	
msoShapeCan	13	円柱	
msoShapeCube	14	直方体	
msoShapeBevel	15	四角形：角度付き	
msoShapeFoldedCorner	16	四角形：メモ	
msoShapeSmileyFace	17	スマイル	
msoShapeRightArrow	33	矢印：右	
msoShapeStripedRightArrow	49	矢印：ストライプ	
msoShapeFlowchartMultidocument	68	フローチャート：複数書類	

線、線矢印、コネクタなどの場合AutoShapeTypeプロパティは、定数msoShape Mixed（実際の値は-2）を返します。

● Shape.AutoShapeTypeを確認するSubプロシージャの実行

1 Subプロシージャを作成する　　Chapter_5.pptm

For Each～Next文を使って、指定したスライドの全　┊　を作りましょう。
図形のAutoShapeTypeを確認するSubプロシージャ

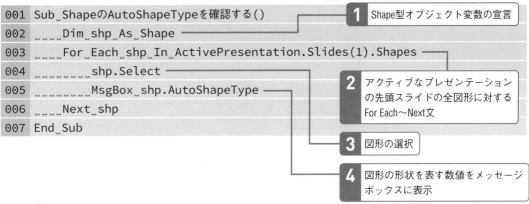

```
001  Sub_ShapeのAutoShapeTypeを確認する()
002  ____Dim_shp_As_Shape
003  ____For_Each_shp_In_ActivePresentation.Slides(1).Shapes
004  _____shp.Select
005  _____MsgBox_shp.AutoShapeType
006  ____Next_shp
007  End_Sub
```

1 Shape型オブジェクト変数の宣言

2 アクティブなプレゼンテーションの先頭スライドの全図形に対するFor Each～Next文

3 図形の選択

4 図形の形状を表す数値をメッセージボックスに表示

2 Subプロシージャを実行する

アクティブなプレゼンテーションの先頭に白紙スラ　┊　ら実行します。
イドを作成し、さまざまな形状の図形を挿入してか

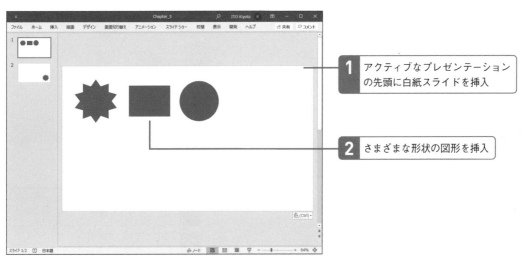

1 アクティブなプレゼンテーションの先頭に白紙スライドを挿入

2 さまざまな形状の図形を挿入

NEXT PAGE →　185

```
Sub ShapeのAutoShapeTypeを確認する()
    Dim shp As Shape
    For Each shp In ActivePresentation.Slides(1).Shapes
        shp.Select
        MsgBox shp.AutoShapeType
    Next shp
End Sub
```

3 Subプロシージャ内にカーソルを置いて F5 キーを押して実行

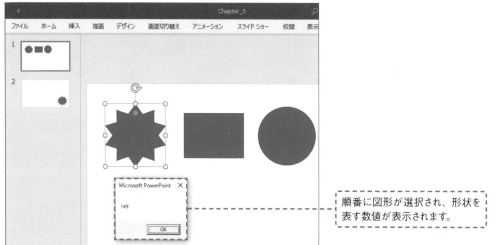

順番に図形が選択され、形状を表す数値が表示されます。

● Shape.AutoShapeTypeをオブジェクトブラウザーで確認する

1 コードウィンドウで「AutoShapeType」内にカーソルを置く

コードからオブジェクトブラウザーを表示して、 プロパティを確認しましょう。
Shapeオブジェクトに用意されているAutoShapeType

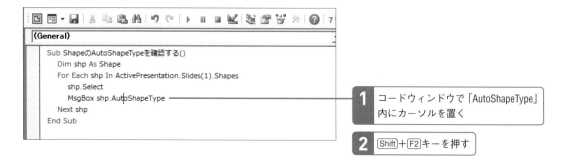

```
Sub ShapeのAutoShapeTypeを確認する()
    Dim shp As Shape
    For Each shp In ActivePresentation.Slides(1).Shapes
        shp.Select
        MsgBox shp.AutoShapeType
    Next shp
End Sub
```

1 コードウィンドウで「AutoShapeType」内にカーソルを置く

2 Shift + F2 キーを押す

2 | Shape.AutoShapeTypeを確認する

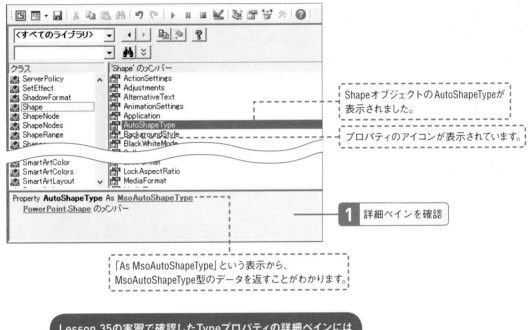

Shapeオブジェクトの AutoShapeType が
表示されました。

プロパティのアイコンが表示されています。

1 詳細ペインを確認

「As MsoAutoShapeType」という表示から、
MsoAutoShapeType型のデータを返すことがわかります。

Lesson 35の実習で確認したTypeプロパティの詳細ペインには
「読み取り専用」表示があったのに対し、AutoShapeTypeプロ
パティにはそのような表示がなく、設定可能なプロパティである
ことを意識してください。

● MsoAutoShapeType列挙型をオブジェクトブラウザーで確認する

1 | MsoAutoShapeType列挙型を表示する

Shape オブジェクトの AutoShapeType プロパティが返す MsoAutoShapeType 列挙型を確認しましょう。

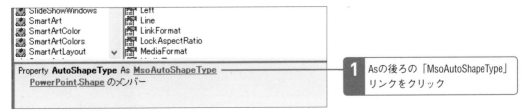

1 Asの後ろの「MsoAutoShapeType」
リンクをクリック

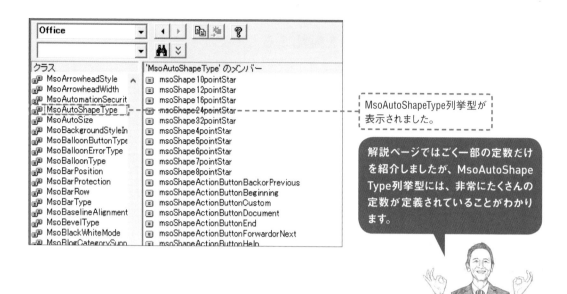

MsoAutoShapeType列挙型が
表示されました。

解説ページではごく一部の定数だけ
を紹介しましたが、MsoAutoShape
Type列挙型には、非常にたくさんの
定数が定義されていることがわかり
ます。

2 | 定数msoShape10pointStarを確認する

たくさんの定数の中から、msoShape10pointStarを確認します。

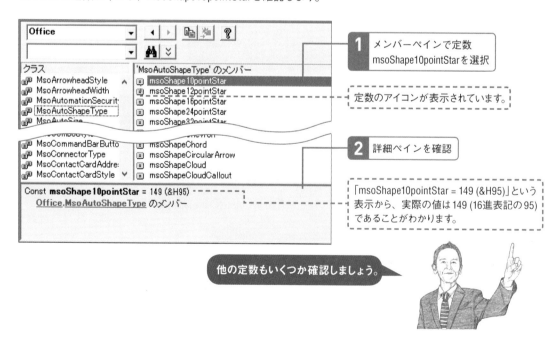

1 メンバーペインで定数
msoShape10pointStarを選択

定数のアイコンが表示されています。

2 詳細ペインを確認

「msoShape10pointStar = 149 (&H95)」という
表示から、実際の値は149 (16進表記の95)
であることがわかります。

他の定数もいくつか確認しましょう。

[ShapesコレクションのAdd○○メソッド]

Shapesが持つAdd○○メソッドで Shapeを挿入できます

このレッスンの ポイント

Lesson 33の実習で少しだけ見たとおり、Shapesコレクションは Add○○という名前のメソッドを多数持っています。スライド上の操作対象はすべてShapeオブジェクトですが、Shapeの種類ごとに挿入用のメソッドが用意されています。

→ ShapesコレクションにAddメソッドはない

Excel VBAでもPowerPoint VBAでも、コレクションには、単独のオブジェクトを追加するAddメソッドが用意されていることが少なくありません。本書では、PresentationsコレクションのAddメソッドをLesson 19で、SlidesコレクションのAddメソッドを

Lesson 29で学習しました。

これに対し、Shapesコレクションには「Add」という名前のメソッドは用意されていません。その代わりに、特定の図形を追加するための「Add○○」といった名前のメソッドが複数用意されています。

▶ ShapesコレクションにはAdd○○メソッドが複数存在する

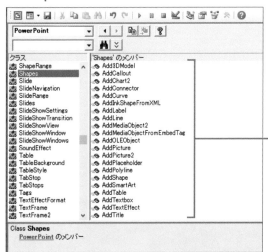

Shapesコレクションには Add メソッドはなく、Add○○という名前のメソッドがたくさん用意されている

ShapesのAdd○○メソッドは種類によって引数が異なる

Shapesコレクションの Add○○メソッドに指定できる引数は、メソッドによって異なります。

直線を挿入するには「ActivePresentation.Slides(1).Shapes.AddLine BeginX:=0, BeginY:=0, EndX:=100, EndY:=100」といったコードを書きます。四角形を挿入する場合は「ActivePresentation.Slides(1).

Shapes.AddShape Type:=msoRectangle Left:=0, Top:=0, Width:=100, Height:=100」といったコードを書きます。

特徴的な Add○○メソッドと指定できる主な引数は、以下のとおりです。

▶ ShapesコレクションのAdd○○メソッド（抜粋）

メソッド	挿入される図形	主な引数
AddLine	直線	直線の始点と終点
AddShape	（狭義の）図形	図形の形状、図形の位置と大きさ
AddPicture	画像	画像ファイルの名前・パス、画像をリンクするか埋め込むか、画像の位置
AddTextbox	テキストボックス	文字列の方向、テキストボックスの位置と大きさ
AddPlaceholder	プレースホルダー	プレースホルダーの種別、プレースホルダーの位置と大きさ
AddTitle	タイトルプレースホルダー	（引数なし）
AddConnector	コネクタ	コネクタの種別、始点と終点
AddTable	表	表の行数、表の列数
AddSmartArt	スマートアート	スマートアートの種別

厳密な引数は、もちろんオブジェクトブラウザーの詳細ペインで確認できます。AddPictureメソッドの詳細は、次のLessonで学習します。

▶ ActivePresentation.Slides(1).Shapes.AddLine BeginX:=0, BeginY:=0, EndX:=100, EndY:=100 の意味

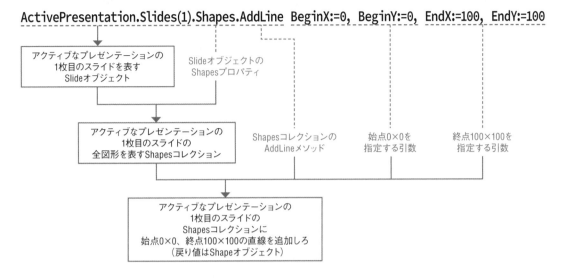

引数 BeginX、BeginY、EndX、EndY には、スライドの左上端を原点とした、座標をポイント数で指定します。

ShapesのAdd〇〇メソッドはShapeオブジェクトを返す

Shapesコレクションの Add〇〇メソッドは、実行されると新規に挿入された図形を表す Shapeオブジェクトを返します。

VBAで図形を挿入するときに、挿入する図形の書式を設定したいという場合、Add〇〇メソッドが返す Shapeオブジェクトをオブジェクト変数に代入し、オブジェクト変数経由で書式を設定するといった方法を用います。

図形の書式を操作するプロパティとオブジェクトについては、Lesson 43で学習します。

● Shapes.AddLineを確認するSubプロシージャの実行

1 | Subプロシージャを作成する　[Chapter_5.pptm]

Shapesコレクションの AddLine メソッドで直線を挿入する Sub プロシージャを作りましょう。

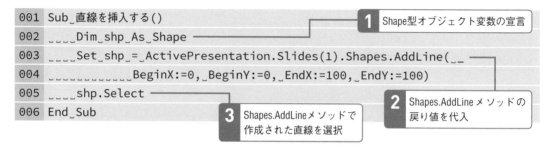

```
001  Sub_直線を挿入する()
002  ____Dim_shp_As_Shape
003  ____Set_shp_=_ActivePresentation.Slides(1).Shapes.AddLine(__
004  _____BeginX:=0,_BeginY:=0,_EndX:=100,_EndY:=100)
005  ____shp.Select
006  End_Sub
```

1 Shape型オブジェクト変数の宣言

2 Shapes.AddLine メソッドの戻り値を代入

3 Shapes.AddLine メソッドで作成された直線を選択

> 直線の挿入を行うだけならば、解説ページで見たように、Shapes.AddLine メソッドの引数をくくるカッコは不要ですが、ここでは戻り値を変数に代入しているためカッコが必要です。

2 | Subプロシージャを実行する

アクティブなプレゼンテーションの先頭に白紙スライドを作成し実行します。

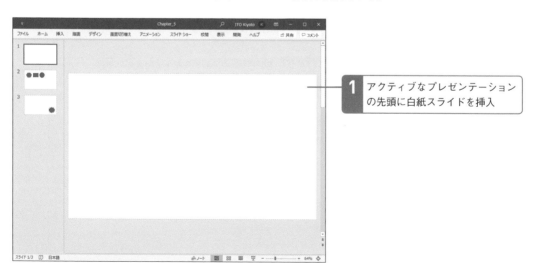

1 アクティブなプレゼンテーションの先頭に白紙スライドを挿入

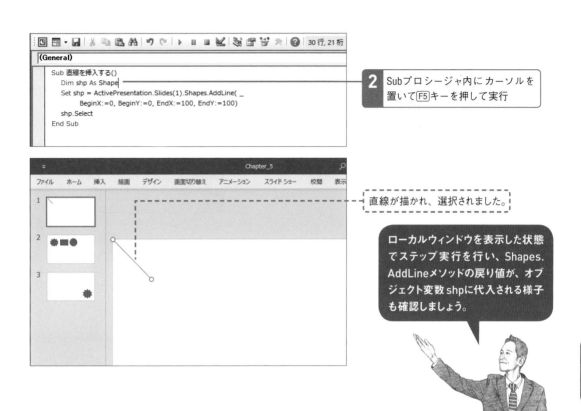

直線が描かれ、選択されました。

ローカルウィンドウを表示した状態でステップ実行を行い、Shapes.AddLineメソッドの戻り値が、オブジェクト変数shpに代入される様子も確認しましょう。

● Shapes.AddShapeを確認するSubプロシージャの実行

1 Subプロシージャを作成する

続いて、ShapesコレクションのAddShapeメソッドで四角形を挿入するSubプロシージャを作りましょう。

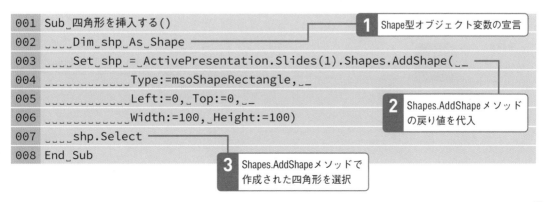

```
001  Sub 四角形を挿入する()
002      Dim shp As Shape
003      Set shp = ActivePresentation.Slides(1).Shapes.AddShape( _
004          Type:=msoShapeRectangle, _
005          Left:=0, Top:=0, _
006          Width:=100, Height:=100)
007      shp.Select
008  End Sub
```

1 Shape型オブジェクト変数の宣言

2 Shapes.AddShapeメソッドの戻り値を代入

3 Shapes.AddShapeメソッドで作成された四角形を選択

2 Subプロシージャを実行する

先頭スライドがアクティブな状態で実行します。

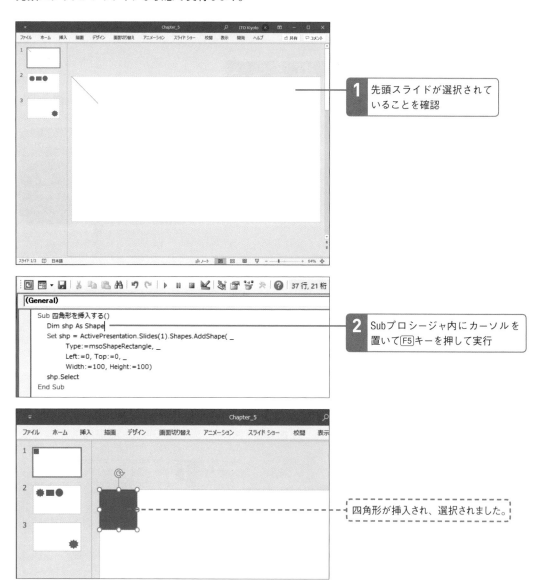

1 先頭スライドが選択されていることを確認

```
Sub 四角形を挿入する()
    Dim shp As Shape
    Set shp = ActivePresentation.Slides(1).Shapes.AddShape( _
        Type:=msoShapeRectangle, _
        Left:=0, Top:=0, _
        Width:=100, Height:=100)
    shp.Select
End Sub
```

2 Subプロシージャ内にカーソルを置いて[F5]キーを押して実行

四角形が挿入され、選択されました。

● Shapes.Add○○メソッドをオブジェクトブラウザーで確認する

1 コードウィンドウで「AddLine」内にカーソルを置く

コードからオブジェクトブラウザーを表示して、　　　ドを確認しましょう。
Shapeオブジェクトに用意されているAddLineメソッ

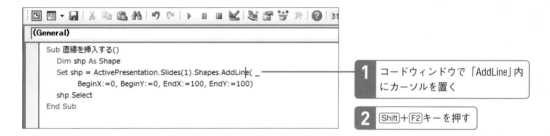

2 Shape.AddLineを確認する

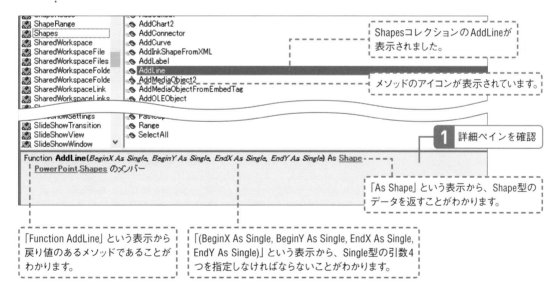

3 | Shapes.AddShapeメソッドを確認する

続いて、AddShapeメソッドも確認しましょう。

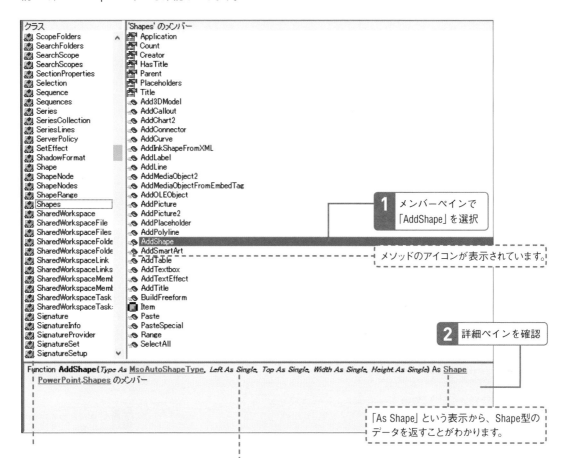

1 メンバーペインで「AddShape」を選択

メソッドのアイコンが表示されています。

2 詳細ペインを確認

「As Shape」という表示から、Shape型のデータを返すことがわかります。

「Function AddShape」という表示から戻り値のあるメソッドであることがわかります。

「(Type As MsoAutoShapeType, Left As Single, Top As Single, Width As Single, Height As Single)」という表示から、MsoAutoShapeType型の引数と、Single型の引数4つを指定しなければならないことがわかります。

その他のAdd○○メソッドも、戻り値がShapeであること、メソッドによって引数が異なることを確認してください。

Lesson 40

[画像挿入を繰り返すマクロ]

新規スライドに画像の挿入を
繰り返すマクロを作りましょう

**このレッスンの
ポイント**

ここまでの学習を総合して、Lesson 06で実行した、指定したフォルダーに存在する画像を、新規スライドに挿入するマクロを作りましょう。Do〜Loop文の中で、スライドの追加（Slides.Add）と画像の挿入（Shapes.AddPicture）を繰り返します。

➔ Shapes.AddPictureメソッドで画像を挿入できる

前のLessonでは、ShapesコレクションのAdd○○メソッドのうち、AddLineメソッドとAddShapeメソッドについて学習しました。

画像を挿入する場合はAddPictureメソッドを利用します。

▶ Shapes.AddPictureメソッドで指定が必須の引数

引数名	型	意味
FileName	String	画像のパス
LinkToFile	MsoTriState	画像をリンクするか、プレゼンテーションファイルに埋め込むか
SaveWithDocument	MsoTriState	画像をリンクする場合に埋め込みも行うか、リンクだけにするか（LinkToFileでmsoFalseを指定した場合はmsoTrueを指定）
Left	Single	画像の左端の位置
Top	Single	画像の上端の位置

Excel VBAのShapes.AddPictureメソッドでは、幅と高さも引数で指定する必要がありますが、PowerPoint VBAの場合、幅と高さはオプションです。

🠖 新規スライドに画像の挿入を繰り返す考え方

PowerPoint VBAで画像の挿入を繰り返すには、Shapes.AddPictureメソッドの引数に指定する、画像ファイル名を繰り返し取得する処理が必要です。VBAでファイル名を繰り返し取得するには、VBAの基本機能だけで処理する方法と何らかのライブラリを利用する方法の大きく2つに分類できます。

本書では、追加のライブラリを必要としない、VBAのDir関数が空白文字列を返すまでDo Until～Loop文でファイル名を取得する方法を利用します。

▶ 新規スライドに画像の挿入を繰り返す処理の流れ

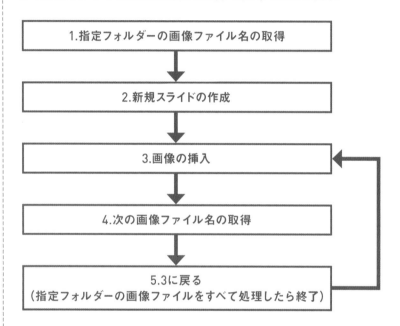

🠖 図形の縦横比を固定するLockAspectRatioプロパティ

画像挿入後に画像のサイズを変更する場合、縦横比は固定したいというケースのほうが多いでしょう。画像の縦横比を固定するには、Shapeオブジェクトに用意されているLockAspectRatioプロパティにmsoTrueを設定します。LockAspectRatioプロパテ

ィにmsoTrueが設定されている画像の場合、高さまたは幅を変更しても、縦横比は固定された状態でサイズを変更できます。
画像のサイズを変更するには、Lesson 34で学習したHeightプロパティとWidthプロパティを使用します。

Chapter 5
図形を表すオブジェクトを学ぼう

● Shapes.AddPictureを確認するSubプロシージャの実行

1 Subプロシージャを作成する

Chapter_5_画像挿入.pptm
C:¥temp¥images

Shapesコレクションの AddPicture メソッドで画像を挿入する Sub プロシージャを作りましょう。

```
001  Sub_画像を挿入する()
002  ____Dim_shp_As_Shape
003  ____Set_shp_=_ActivePresentation.Slides(1).Shapes.AddPicture(__
004  _____FileName:="C:¥temp¥images¥sample_1.jpg",__
005  _____LinkToFile:=msoFalse,__
006  _____SaveWithDocument:=msoTrue,__
007  _____Left:=0,_Top:=0)
008  ____shp.Select
009  End_Sub
```

1 Shape型オブジェクト変数の宣言

2 Shapes.AddPicture メソッドの戻り値を代入

3 Shapes.AddPicture メソッドで挿入された画像を選択

2 画像ファイルを準備する

「C:¥temp¥images」 フォルダーに、sample_1.jpg、
sample_2.jpg、sample_3.jpg ファイルがあることを

確認します。

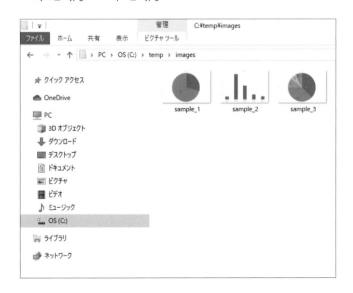

Lesson 06の実習を行っていれば、画像ファイルが存在するはずです。もしも行っていなければ、ダウンロードしたファイル内のimagesフォルダーを、Cドライブのtempフォルダーにコピーしてください。

3 | Subプロシージャを実行する

先頭スライドがアクティブな状態で実行します。

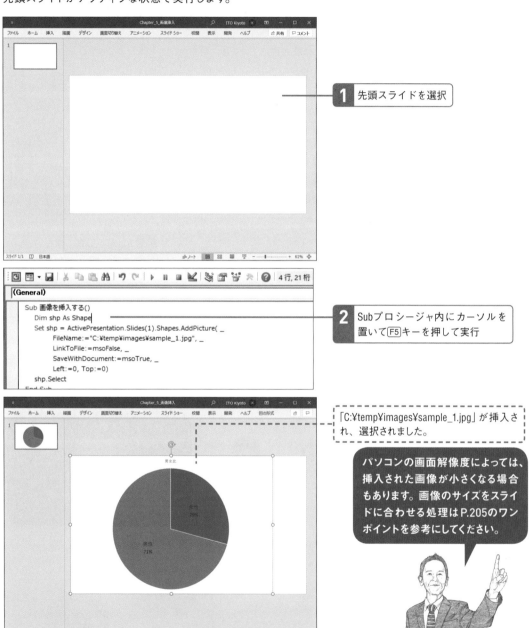

1 先頭スライドを選択

2 Subプロシージャ内にカーソルを置いて F5 キーを押して実行

```
Sub 画像を挿入する()
    Dim shp As Shape
    Set shp = ActivePresentation.Slides(1).Shapes.AddPicture( _
        FileName:="C:¥temp¥images¥sample_1.jpg", _
        LinkToFile:=msoFalse, _
        SaveWithDocument:=msoTrue, _
        Left:=0, Top:=0)
    shp.Select
End Sub
```

「C:¥temp¥images¥sample_1.jpg」が挿入され、選択されました。

パソコンの画面解像度によっては、挿入された画像が小さくなる場合もあります。画像のサイズをスライドに合わせる処理はP.205のワンポイントを参考にしてください。

Chapter 5
図形を表すオブジェクトを学ぼう

● 指定フォルダーの画像ファイル名を取得するマクロの実行

1 | Subプロシージャを作成する

画像ファイルの挿入を繰り返すマクロを作る前に、
指定フォルダーに存在する画像ファイル名の取得を

繰り返すSubプロシージャを作りましょう。

```
001  Sub 画像ファイル名をイミディエイトウィンドウに出力する()
002      Const FOL_PATH = "C:¥temp¥images¥"
003      Const IMG_TYPE = "*.jpg"
004
005      Dim img_name As String
006      img_name = Dir(FOL_PATH & IMG_TYPE)
007      If img_name = "" Then
008          MsgBox FOL_PATH & "には、指定された形式の画像ファイルが存在しません。"
009          Exit Sub
010      End If
011
012      Do Until img_name = ""
013          Debug.Print img_name
014          img_name = Dir
015      Loop
016  End Sub
```

1 画像ファイルの存在する
フォルダーと画像ファイル
の拡張子を指定

2 1つ目の画像ファイル名の取得

3 指定フォルダーの画像
ファイルがなくなるま
で繰り返す

4 次の画像ファイル名を取得

> このSubプロシージャは、PowerPointに関わ
> るコードは一切含まれていないVBAだけのコー
> ドですから、ExcelやWordのVBEで挿入した
> 標準モジュールでも、このまま実行できます。

2 ┃ マクロをステップ実行する

イミディエイトウィンドウを表示してステップ実行しましょう。

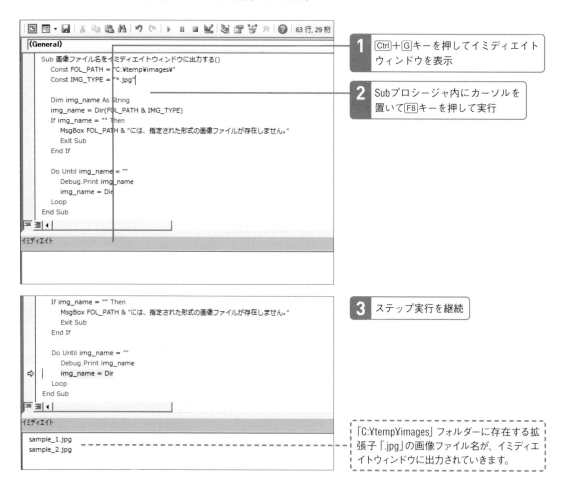

1 Ctrl + G キーを押してイミディエイト
ウィンドウを表示

2 Subプロシージャ内にカーソルを
置いてF8キーを押して実行

3 ステップ実行を継続

「C:¥temp¥images」フォルダーに存在する拡
張子「.jpg」の画像ファイル名が、イミディエ
イトウィンドウに出力されていきます。

● 新規スライドに画像挿入を繰り返すマクロの実行

1 ┃ Subプロシージャの作成を開始する

新規スライドに画像の挿入を繰り返すマクロを作り
ましょう。先ほど作成したマクロの中身をコピーし
ます。

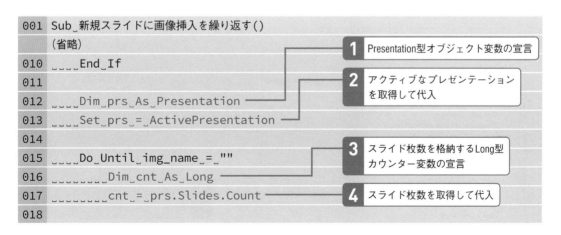

1 画像ファイル名を出力するSubプロシージャの中身を複製

```
001  Sub_新規スライドに画像挿入を繰り返す()
002  ____Const_FOL_PATH_=_"C:¥temp¥images¥"
003  ____Const_IMG_TYPE_=_"*.jpg"
004
005  ____Dim_img_name_As_String
006  ____img_name_=_Dir(FOL_PATH_&_IMG_TYPE)
007  ____If_img_name_=_""_Then
008  _____MsgBox_FOL_PATH_&_"には、指定された形式の画像ファイルが存在しません。"
009  _____Exit_Sub
010  ____End_If
011
012  ____Do_Until_img_name_=_""
013
014  _____img_name_=_Dir
015  ____Loop
016  End_Sub
```

2 画像ファイル名を出力する行の削除

2 ┊ Subプロシージャを完成させる

スライドと画像の挿入を行う部分を作成します。

```
001  Sub_新規スライドに画像挿入を繰り返す()
     (省略)
010  ____End_If
011
012  ____Dim_prs_As_Presentation
013  ____Set_prs_=_ActivePresentation
014
015  ____Do_Until_img_name_=_""
016  _____Dim_cnt_As_Long
017  _____cnt_=_prs.Slides.Count
018
```

1 Presentation型オブジェクト変数の宣言

2 アクティブなプレゼンテーションを取得して代入

3 スライド枚数を格納するLong型カウンター変数の宣言

4 スライド枚数を取得して代入

NEXT PAGE ➜ | 203

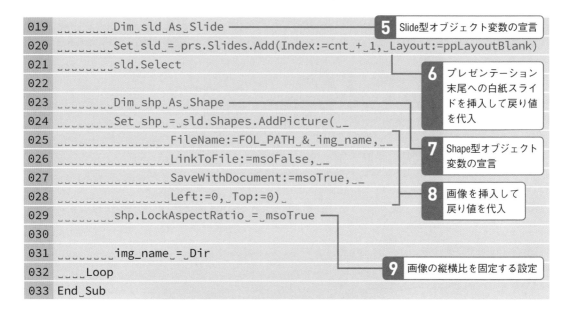

019	⎵⎵⎵⎵⎵⎵⎵⎵Dim⎵sld⎵As⎵Slide	**5** Slide型オブジェクト変数の宣言
020	⎵⎵⎵⎵⎵⎵⎵⎵Set⎵sld⎵=⎵prs.Slides.Add(Index:=cnt⎵+⎵1,⎵Layout:=ppLayoutBlank)	
021	⎵⎵⎵⎵⎵⎵⎵⎵sld.Select	
022		**6** プレゼンテーション末尾への白紙スライドを挿入して戻り値を代入
023	⎵⎵⎵⎵⎵⎵⎵⎵Dim⎵shp⎵As⎵Shape	
024	⎵⎵⎵⎵⎵⎵⎵⎵Set⎵shp⎵=⎵sld.Shapes.AddPicture(⎵_	
025	⎵⎵⎵⎵⎵⎵⎵⎵⎵⎵⎵⎵⎵⎵⎵FileName:=FOL_PATH⎵&⎵img_name,⎵_	**7** Shape型オブジェクト変数の宣言
026	⎵⎵⎵⎵⎵⎵⎵⎵⎵⎵⎵⎵⎵⎵⎵LinkToFile:=msoFalse,⎵_	
027	⎵⎵⎵⎵⎵⎵⎵⎵⎵⎵⎵⎵⎵⎵⎵SaveWithDocument:=msoTrue,⎵_	**8** 画像を挿入して戻り値を代入
028	⎵⎵⎵⎵⎵⎵⎵⎵⎵⎵⎵⎵⎵⎵⎵Left:=0,⎵Top:=0)	
029	⎵⎵⎵⎵⎵⎵⎵⎵shp.LockAspectRatio⎵=⎵msoTrue	
030		
031	⎵⎵⎵⎵⎵⎵⎵⎵img_name⎵=⎵Dir	
032	⎵⎵⎵⎵Loop	**9** 画像の縦横比を固定する設定
033	End⎵Sub	

21行目の「sld.Select」は、ことあとのステップ実行時の挙動を確認しやすくするために入れているだけですから、実際のマクロでは削除しても構いません。

3 マクロをステップ実行する

ステップ実行を実行して、画像挿入が繰り返される様子を確認します。

```
Dim cnt As Long
cnt = prs.Slides.Count

Dim sld As Slide
Set sld = prs.Slides.Add(Index:=cnt + 1, Layout:=ppLayoutBlank)
sld.Select

Dim shp As Shape
Set shp = sld.Shapes.AddPicture( _
    FileName:=FOL_PATH & img_name, _
    LinkToFile:=msoFalse, _
    SaveWithDocument:=msoTrue, _
    Left:=0, _
    Top:=0)
⇨    shp.LockAspectRatio = msoTrue

    img_name = Dir
Loop
End Sub
```

1 Subプロシージャ内にカーソルを置いて F8 キーを押して実行

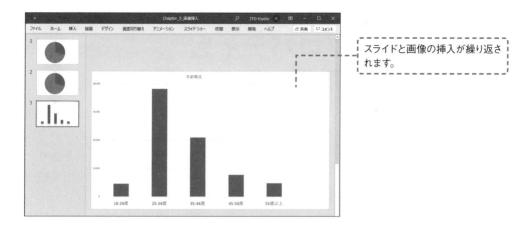

スライドと画像の挿入が繰り返されます。

👍 ワンポイント 挿入した画像のサイズ調整とスライド中央への配置

挿入した画像を、スライドのサイズと同じにしたい場合、スライドの中央に配置したい場合は、29行目「shp.LockAspectRatio = msoTrue」の下に以下のコードを追加してください。

画像のサイズは、横長だった場合（If shp.Width > shp.Height Then）高さをスライドの高さに合わせ（shp.Height = prs.PageSetup.SlideHeight）、縦長だった場合には横幅をスライドに合わせ（shp.Width = prs.PageSetup.SlideWidth）ています。

Slideオブジェクトには幅や高さを取得するためのプロパティが存在しませんが、ここではPageSetupオブジェクトのSlideWidthプロパティとSlideHeightプロパティで取得しています。

スライドの中央に配置する処理は、スライドの幅から画像の幅をマイナスして1/2にした値を画像の左端位置に（shp.Left = (prs.PageSetup.SlideWidth - shp.Width) / 2)、スライドの高さから画像の高さをマイナスして1/2にした値を画像の上端位置に（shp.Top = (prs.PageSetup.SlideHeight - shp.Height) / 2) 指定することで行っています。

Lesson 06で実行したサンプルは、これらと同様のコードが入った状態になっています。

PageSetupがどのようなオブジェクトであるかは、本書の復習もかねて、オブジェクトブラウザーで確認してください。

```
     '_挿入した画像サイズをスライドに合わせる
     If_shp.Width_>_shp.Height_Then
         shp.Height_=_prs.PageSetup.SlideHeight
     Else
         shp.Width_=_prs.PageSetup.SlideWidth
     End_If
     '_挿入した画像をスライドを中央に配置する
     shp.Left_=_(prs.PageSetup.SlideWidth_-_shp.Width)_/_2
     shp.Top_=_(prs.PageSetup.SlideHeight_-_shp.Height)_/_2
```

Has○○プロパティも
Shapeの種類に関係します

このレッスンの
ポイント

Lesson 35で、図形の大まかな種類を表すTypeプロパティについて学習しましたが、Typeプロパティだけでは判定できない場合もあります。Shapeオブジェクトに用意されている、Has○○といった名前のプロパティも図形の種類に関係しています。

→ Typeプロパティだけでは種類を判断できないケースがある

Lesson 35で学習したTypeプロパティだけで、図形の種類の判定が必ずできればいいのですが、うまく判定できないケースがあります。

例えば、PowerPointで表の挿入を行うには、プレースホルダー内のアイコンから操作する場合と、リボンの[挿入]タブの[表]ボタンから操作する場合があります。

人間から見た場合、これらの表の違いはわかりませんが、ShapeオブジェクトのTypeプロパティは、まったく別の値を返します。

プレースホルダーのアイコンから挿入した表はmsoPlaceholder（実際の値は14）であるのに対し、リボンから挿入した表はmsoTable（実際の値は19）を返します。

▶ 挿入方法によってTypeプロパティの値は異なる

プレースホルダーの[表の挿入]アイコンから挿入した場合、TypeはmsoPlaceholder（実際の値は14）

リボンの[挿入]タブー[表]から挿入した場合、TypeはmsoTable（実際の値は19）

→ Has○○プロパティでコンテンツの種類を具体的に判定できる

このようなTypeプロパティだけで判定できない場合に使える、Has○○という名前のプロパティが複数存在します。

先述したような、表を含む図形か判定するには、HasTableプロパティが使えます。「ActivePresentation.Slides(1).Shapes(2).HasTable」で、アクティブなプレゼンテーションの先頭スライドの2つ目の図形が表を含むかを判定できます。

同様に「ActivePresentation.Slides(1).Shapes(2).HasChart」で、アクティブなプレゼンテーションの先頭スライドの2つ目の図形がグラフを含むかを判定できます。

▶ 図形の種類を判定するHas○○プロパティ

プロパティ	意味
HasTable	表を含むか
HasChart	グラフを含むか
HasSmartArt	SmartArtを含むか
HasTextFrame	文字列枠を含むか

もちろん、どのようなコンテンツであっても、プレースホルダーにだけ処理したいという場合であれば、Lesson 35で学習したTypeプロパティによる判定でOKです。

→ 文字列を含み得る図形かを判定するHasTextFrameプロパティ

Has○○プロパティの中で、もっとも使われるのはHasTextFrameプロパティです。同じ図形であっても、四角形や楕円には文字列を入力できるのに対し、線やコネクタには文字列を入力できません。こういった文字列を入力できる図形かどうかを判定するのが、HasTextFrameプロパティです。

先頭スライドの1番目の図形が、タイトルプレースホルダーやテキストボックス、四角形、楕円など文字列を入力できるタイプの場合「ActivePresentation.Slides(1).Shapes(1).HasTextFrame」はmsoTrueを返すのに対し、線やコネクタであった場合にはmsoFalseを返します。

実際に図形内に文字列が存在しているかどうかは、Lesson 45で学習する、TextFrameオブジェクトのHasTextプロパティで判定できます。

👍 ワンポイント コネクタに関係するプロパティとオブジェクト

図形がコネクタかどうかは、Shapeオブジェクトに用意されているConnectorプロパティで判定できます。また、コネクタが実際に他の図形につながっているかどうかは、Shapeオブジェクトの ConnectorFormat プロパティで取得できる ConnectorFormatオブジェクトの、BeginConnectedプロパティやEndConnectedプロパティで判定できます。

● Shape.Has○○プロパティをローカルウィンドウで確認する

1 先頭スライドを準備する `Chapter_5.pptm`

Lesson 35で編集したSubプロシージャをステップ実行して、ShapeオブジェクトのHas○○プロパティを確認しましょう。

まず実習ファイルに最初から用意されていたスライドをプレゼンテーションの先頭に移動します。

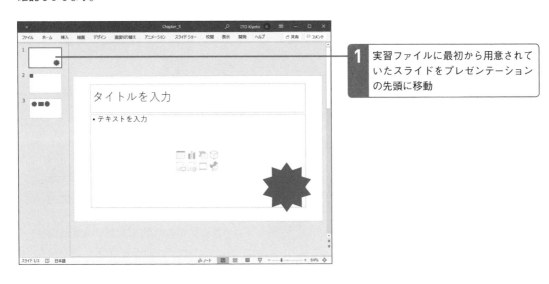

1 実習ファイルに最初から用意されていたスライドをプレゼンテーションの先頭に移動

2 ローカルウィンドウを表示してステップ実行を開始する

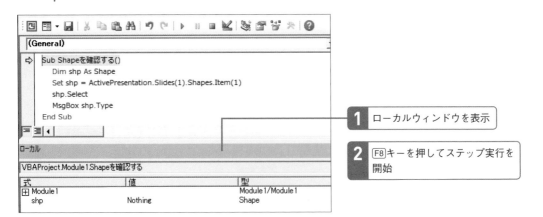

1 ローカルウィンドウを表示

2 F8キーを押してステップ実行を開始

3 ステップ実行を継続する

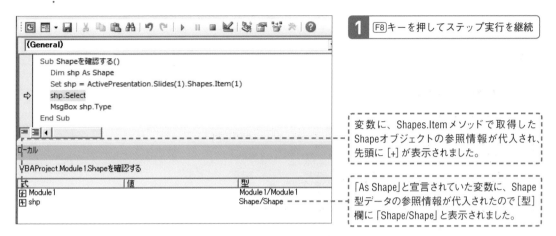

1 F8 キーを押してステップ実行を継続

変数に、Shapes.Item メソッドで取得した Shape オブジェクトの参照情報が代入され、先頭に [+] が表示されました。

「As Shape」と宣言されていた変数に、Shape 型データの参照情報が代入されたので [型] 欄に「Shape/Shape」と表示されました。

4 オブジェクト変数の中身を表示する

1 [+] をクリック

変数の中身が表示されました。

5 Shape.Has○○プロパティを確認する

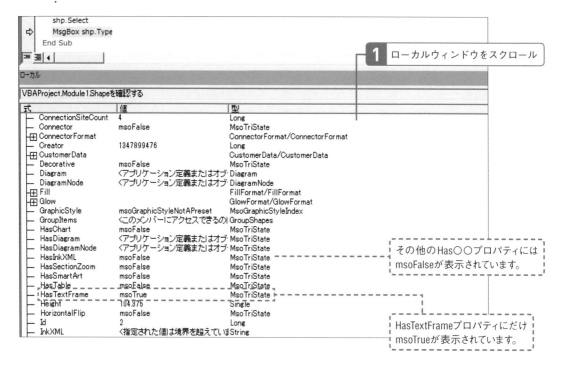

```
        shp.Select
⇒       MsgBox shp.Type
     End Sub
```

1 ローカルウィンドウをスクロール

ローカル

VBAProject.Module1.Shapeを確認する

式	値	型
ConnectionSiteCount	4	Long
Connector	msoFalse	MsoTriState
ConnectorFormat		ConnectorFormat/ConnectorFormat
Creator	1347899476	Long
CustomerData		CustomerData/CustomerData
Decorative	msoFalse	MsoTriState
Diagram	<アプリケーション定義またはオブ	Diagram
DiagramNode	<アプリケーション定義またはオブ	DiagramNode
Fill		FillFormat/FillFormat
Glow		GlowFormat/GlowFormat
GraphicStyle	msoGraphicStyleNotAPreset	MsoGraphicStyleIndex
GroupItems	<このメンバーにアクセスできるの	GroupShapes
HasChart	msoFalse	MsoTriState
HasDiagram	<アプリケーション定義またはオブ	MsoTriState
HasDiagramNode	<アプリケーション定義またはオブ	MsoTriState
HasInkXML	msoFalse	MsoTriState
HasSectionZoom	msoFalse	MsoTriState
HasSmartArt	msoFalse	MsoTriState
HasTable	msoFalse	MsoTriState
HasTextFrame	msoTrue	MsoTriState
Height	104.375	Single
HorizontalFlip	msoFalse	MsoTriState
Id	2	Long
InkXML	<指定された値は境界を超えていま	String

その他のHas○○プロパティには
msoFalseが表示されています。

HasTextFrameプロパティにだけ
msoTrueが表示されています。

6 ステップ実行を終了する

確認ができたら、メニューの [実行] - [リセット] をクリックしてステップ実行を終了します。

👍 ワンポイント Shape.Has○○プロパティも読み取り専用で変更はできない

オブジェクトブラウザーを使った実習で、Typeプ
ロパティの詳細ペインに「読み取り専用」表示が
あること（Lesson 35参照）を、AutoShapeTypeプロ
パティの詳細ペインに「読み取り専用」表示がな
いこと（Lesson 38参照）を確認しました。
Has○○プロパティの場合「読み取り専用」表示
があり、取得のみが可能で設定はできないこと
（P.50のワンポイント参照）を確認しておきましょ
う。

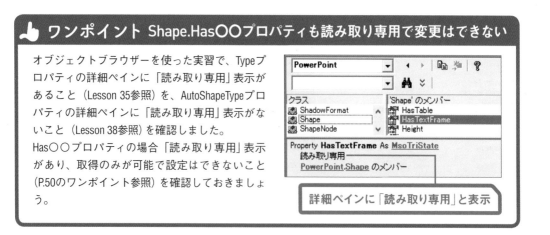

詳細ペインに「読み取り専用」と表示

[For Each～Next文で正常に処理できない場合]

For Each～Next文では 正しく処理できない場合があります

このレッスンの ポイント

Lesson 28や37で学習したとおり、コレクションに含まれる全オブジェクトに対する処理は、For Each～Next文が便利です。しかし、For Each～Next文では正しく処理できないケースがあることも、知っておいてください。

➡ For Each～Next文ではダメな場合がある

PowerPoint VBAでは、コレクションに含まれる単独のオブジェクトの数がループ処理の中で変化するような場合、For Each～Next文では正しく動作しないことがあります。

具体的には、指定した種類の図形だけを削除するようなループ処理が、For Each～Next文では期待したとおりに動作しません。

▶ For Each～Next文でうまくいかない例

```
____Dim_shp_As_Shape
____For_Each_shp_In_ActivePresentation.Slides(1).Shapes
_____If_shp.Type_<>_msoPlaceholder_Then
_____shp.Delete
_____End_If
____Next_shp
```

プレースホルダーではない図形を削除して、プレースホルダーだけにするつもりで書いたこのコードでは、プレースホルダーではない図形も残ってしまう

Excel VBAの場合には似たような処理でもFor Each～Next文で期待どおりに動作しますから、Excel VBAに慣れているみなさんは注意が必要です。

For Each～Next文でダメな場合は増分値-1のFor～Next文

Excel VBAのFor～Next文で削除処理を書く場合、増分値を「Step -1」と指定します。
PowerPoint VBAの場合も同様で、先述のケースも

「Step -1」のFor～Next文で、期待通りの削除が行われます。

▶ **For～Next文にStep -1を指定する**

```
    Dim i As Long
    With ActivePresentation.Slides(1).Shapes
        For i = .Count To 1 Step -1
            If .Item(i).Type <> msoPlaceholder Then
                .Item(i).Delete
            End If
        Next i
    End With
```

「Step - 1」でFor～Next処理

 Slideの削除もStep -1のFor～Next文で

Lesson 25で学習したSlideオブジェクトのDeleteメソッドを使って、特定のレイアウトのスライドを削除するようなループ処理も、For Each～Next文では

正しく動作しないことがあります。
このような場合もFor～Next文の増分値を「Step -1」と指定すると、正常に処理できます。

▶ **タイトルレイアウトではないスライドを削除するStep -1のFor～Next文**

```
    Dim i As Long
    With ActivePresentation.Slides
        For i = .Count To 1 Step -1
            If .Item(i).Layout <> ppLayoutTitle Then .Item(i).Delete
        Next i
    End With
```

ちなみにWord VBAでもFor Each～Next文で削除処理が正しく動作しないことがあります。その場合もStep -1のFor～Next文で正常に処理できます。

● 正常に動作しないループ処理を確認する

1 Subプロシージャを作成する　　`Chapter_5.pptm`

期待どおりに動作しないFor Each～Next文を確認しましょう。

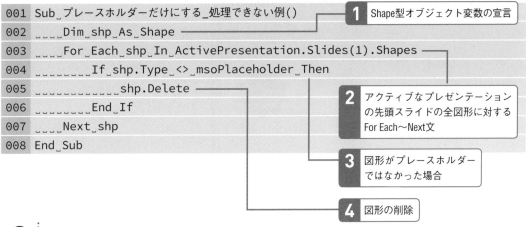

```
001  Sub_プレースホルダーだけにする_処理できない例()
002  ____Dim_shp_As_Shape
003  ____For_Each_shp_In_ActivePresentation.Slides(1).Shapes
004  _____If_shp.Type_<>_msoPlaceholder_Then
005  _____shp.Delete
006  _____End_If
007  ____Next_shp
008  End_Sub
```

1 Shape型オブジェクト変数の宣言

2 アクティブなプレゼンテーションの先頭スライドの全図形に対するFor Each～Next文

3 図形がプレースホルダーではなかった場合

4 図形の削除

2 Subプロシージャを実行する

アクティブなプレゼンテーションの先頭にスライドを作成し、プレースホルダーと、プレースホルダーではない図形が2個以上存在する状態で実行します。

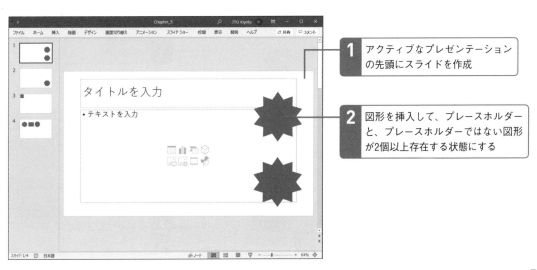

1 アクティブなプレゼンテーションの先頭にスライドを作成

2 図形を挿入して、プレースホルダーと、プレースホルダーではない図形が2個以上存在する状態にする

NEXT PAGE ➜

3 Subプロシージャ内にカーソルを置いて[F5]キーを押して実行

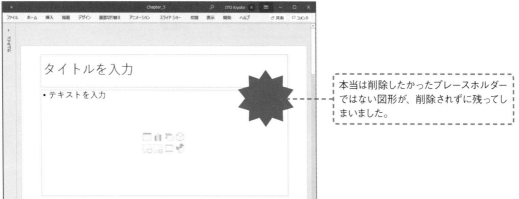

本当は削除したかったプレースホルダーではない図形が、削除されずに残ってしまいました。

● 正常に動作するループ処理を確認する

1 Subプロシージャを作成する

増分値を「Step - 1」と指定したFor～Next文ならば、期待どおりに動作することを確認します。

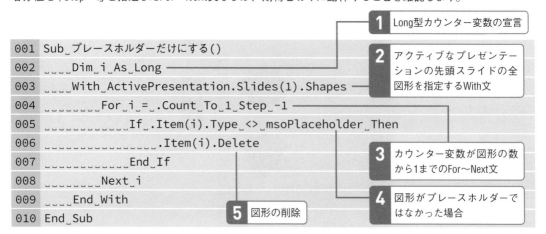

```
001  Sub_プレースホルダーだけにする()
002  ____Dim_i_As_Long
003  ____With_ActivePresentation.Slides(1).Shapes
004  _____For_i_=_.Count_To_1_Step_-1
005  _____If_.Item(i).Type_<>_msoPlaceholder_Then
006  _____.Item(i).Delete
007  _____End_If
008  _____Next_i
009  ____End_With
010  End_Sub
```

1 Long型カウンター変数の宣言

2 アクティブなプレゼンテーションの先頭スライドの全図形を指定するWith文

3 カウンター変数が図形の数から1までのFor～Next文

4 図形がプレースホルダーではなかった場合

5 図形の削除

NEXT PAGE →

2 Subプロシージャを実行する

標準表示モードで先頭スライドをアクティブにして、プレースホルダーと、プレースホルダーではない図形が2個以上存在する状態で実行します。

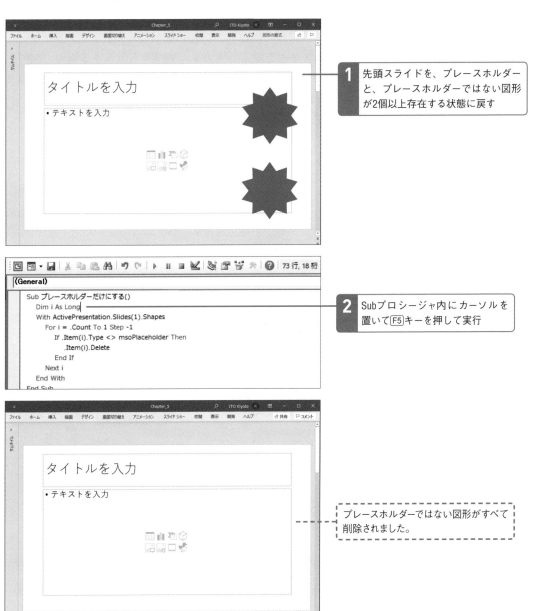

1 先頭スライドを、プレースホルダーと、プレースホルダーではない図形が2個以上存在する状態に戻す

```
Sub プレースホルダーだけにする()
    Dim i As Long
    With ActivePresentation.Slides(1).Shapes
        For i = .Count To 1 Step -1
            If .Item(i).Type <> msoPlaceholder Then
                .Item(i).Delete
            End If
        Next i
    End With
End Sub
```

2 Subプロシージャ内にカーソルを置いて[F5]キーを押して実行

プレースホルダーではない図形がすべて削除されました。

43 ［LineFormatオブジェクトとFillFormatオブジェクト］
図形の書式設定はLineFormatとFillFormatで行います

このレッスンの
ポイント

PowerPointでは［図形の枠線］と［図形の塗りつぶし］コマンドから、図形にさまざまな書式を設定できます。VBAから操作する場合、図形の枠線はLineFormatオブジェクトを、図形の塗りつぶしはFillFormatオブジェクトを利用します。

図形の書式設定は枠線と塗りつぶし

PowerPointで図形の書式を設定する場合、［図形の枠線］コマンドと［図形の塗りつぶし］コマンドから指定するのが基本です。VBAから書式設定する場合もこの考え方は同じです。

Shapeオブジェクトの子オブジェクトとして、枠線の書式を表すLineFormatオブジェクトと、塗りつぶしの書式を表すFillFormatオブジェクトが存在し、これらのオブジェクトを通じて書式を操作します。

▶ ［図形の枠線］と［図形の塗りつぶし］

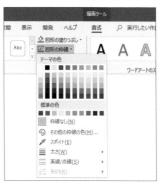
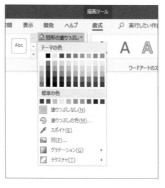

PowerPointで、線やコネクタなどを選択すると［図形の塗りつぶし］コマンドは使用不可になります。VBAからも、線やコネクタを表すShapeの場合、FillFormatオブジェクトは取得できません。

▶ 枠線と塗りつぶしに関わるオブジェクト

Shapeオブジェクト

  └─ LineFormatオブジェクト（枠線の書式を表す。ShapeオブジェクトのLineプロパティで取得）
  └─ FillFormatオブジェクト（塗りつぶしの書式を表す。ShapeオブジェクトのFillプロパティで取得）

→ 枠線の書式を表すLineFormatオブジェクト

枠線の書式を取得・設定するには、Shapeオブジェクトの子オブジェクトであるLineFormatオブジェクトが持つプロパティを利用します。

LineFormatオブジェクトは、ShapeオブジェクトのLineプロパティで取得できます。

▶ Shape.Lineの戻り値をオブジェクトブラウザーで確認する

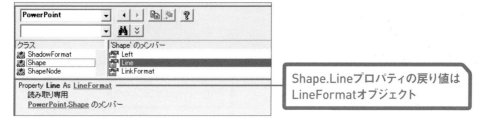

Shape.Lineプロパティの戻り値はLineFormatオブジェクト

▶ LineFormatオブジェクトのプロパティ（抜粋）

プロパティ	意味
ForeColor	前景色
BackColor	背景色
Weight	太さ
DashStyle	実線/点線
Style	一重線/多重線

▶ 枠線の書式を設定するSubプロシージャ

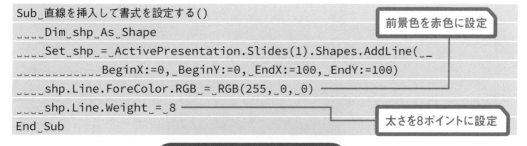

```
Sub_直線を挿入して書式を設定する()
____Dim_shp_As_Shape
____Set_shp_=_ActivePresentation.Slides(1).Shapes.AddLine(__
_____BeginX:=0,_BeginY:=0,_EndX:=100,_EndY:=100)
____shp.Line.ForeColor.RGB_=_RGB(255,_0,_0)
____shp.Line.Weight_=_8
End_Sub
```

前景色を赤色に設定

太さを8ポイントに設定

前景色を赤色に設定しているコード
「.ForeColor.RGB = RGB(255, 0, 0)」
については、P.219のワンポイントを
確認してください。

塗りつぶし書式を表すFillFormatオブジェクト

塗りつぶしの書式を取得・設定するには、Shapeオブジェクトの子オブジェクトであるFillFormatオブジェクトを利用します。

FillFormatオブジェクトは、ShapeオブジェクトのFillプロパティで取得できます。

▶ Shape.Fillの戻り値をオブジェクトブラウザーで確認する

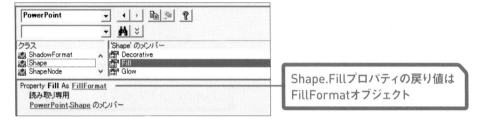

Shape.Fillプロパティの戻り値は
FillFormatオブジェクト

▶ FillFormatオブジェクトのプロパティ（抜粋）

プロパティ	意味
ForeColor	前景色
BackColor	背景色
Transparency	透明度

▶ 塗りつぶしの書式を設定するSubプロシージャ

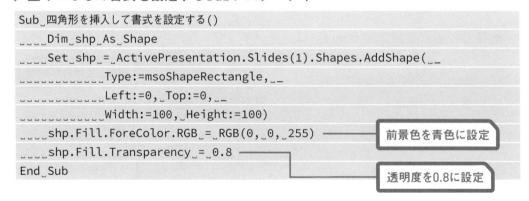

```
Sub_四角形を挿入して書式を設定する()
____Dim_shp_As_Shape
____Set_shp_=_ActivePresentation.Slides(1).Shapes.AddShape(__
_____Type:=msoShapeRectangle,__
_____Left:=0,_Top:=0,__
_____Width:=100,_Height:=100)
____shp.Fill.ForeColor.RGB_=_RGB(0,_0,_255)
____shp.Fill.Transparency_=_0.8
End_Sub
```

前景色を青色に設定

透明度を0.8に設定

✋ ワンポイント 色を取得・設定するColorFormatオブジェクトとRGB

枠線や塗りつぶしの書式に限らず、色を取得・設定する場合には、ColorFormatオブジェクトを利用します。

ColorFormatオブジェクトによる色の設定は、複数の方法が用意されていますが、最初に理解すべきは既定メンバーになっているRGBプロパティによる設定です。

RGBとは、色を赤（Red）・緑（Green）・青（Blue）という光の3原色の混ざり具合で表現する、色の表現方法の1つです。VBAでは、RGB関数を使ってR・G・Bそれぞれに0〜255の数値を指定で

きます。

ColorFormatオブジェクトを取得するためのプロパティは、オブジェクトによってさまざまです。このLessonでお伝えしているFillFormatオブジェクトとLineFormatオブジェクトの場合、ForeColorプロパティとBackColorプロパティで、ColorFormatオブジェクトを取得できます。

P.236のワンポイントで紹介するFontオブジェクトの場合、ColorプロパティでColorFormatオブジェクトを取得できます。

▶ ColorFormatオブジェクトのプロパティ（抜粋）

プロパティ	意味
RGB	RGB値
ObjectThemeColor	テーマの色
SchemeColor	配色の色
TintAndShade	色合いと陰影

スライド上のすべての操作対象は、プレースホルダー、テキストボックス、図形、表、スマートアート、グラフなどすべてがShapeオブジェクトである。

Shapeの種類はTypeプロパティ、Has○○プロパティなどで、形状はAutoShapeTypeプロパティで判定できる。

PowerPoint VBAの場合、Excel VBAと似た処理内容でも、For Each～Nextループではうまく処理できないケースがある。

Slideオブジェクト
- Shapesプロパティ

Shapesコレクション
- Add○○メソッド（AddLine、AddShape、AddPicture）
- Countプロパティ
- Itemメソッド

Shapeオブジェクト
- AutoShapeTypeプロパティ
- Fillプロパティ（戻り値はFillFormatオブジェクト）
- Has○○プロパティ（HasTextFrame、HasTable）
- Lineプロパティ（戻り値はLineFormatオブジェクト）
- Typeプロパティ

> Shapeオブジェクトは、たくさんのプロパティを持っています。まずは、AutoShapeType・Has○○・Typeプロパティがそれぞれ何を表すのか、違いをしっかりと意識しましょう。

Chapter

6

文字列の操作を
学ぼう

Excel VBAでセルに表示され
ている文字列を取得するコー
ドに比べると、PowerPoint
VBAで図形内の文字列を操作
するには、長いコードを書く
必要があります。

Lesson

44 [Shape.TextFrame.TextRange.Text]
文字列を取得するコードを見ておきましょう

このレッスンの
ポイント

PowerPoint VBAで図形に含まれる文字列を取得するには、かなり長いコードを書く必要があります。グローバルメンバーが少なく、オブジェクトの階層構造が深いためです。このChapterで学習する文字列を取得するコードを、まずは見てみましょう。

→ 文字列を取得するExcel VBAとPowerPoint VBAの違い

Excel VBAの場合、「Sheets(1).Range("A1").Text」で、アクティブなブックの先頭シートのA1セルに表示されている文字列を取得できます。これに対してPowerPoint VBAでアクティブなプレゼンテーションの先頭スライドの1つ目の図形の文字列を取得するには、「ActivePresentation.Slides(1).Shapes(1).

TextFrame.TextRange.Text」といったコードを書かなければなりません。
Lesson 02でお伝えしたとおり、PowerPoint VBAはグローバルメンバーが少なく、オブジェクトの階層構造が深いためです。

▶ Excel VBAで先頭シートのA1セルに表示されている文字列を取得する場合

```
    Sheets(1).Range("A1").Text
```

▶ PowerPoint VBAで先頭スライドの1つ目の図形の文字列を取得する場合

```
    ActivePresentation.Slides(1).Shapes(1).TextFrame.TextRange.Text
```

> グローバルメンバーが少なくオブジェクトの階層が深いため長いコードを書く必要がある

▶ ActivePresentation.Slides(1).Shapes(1).TextFrame.TextRange.Textの意味

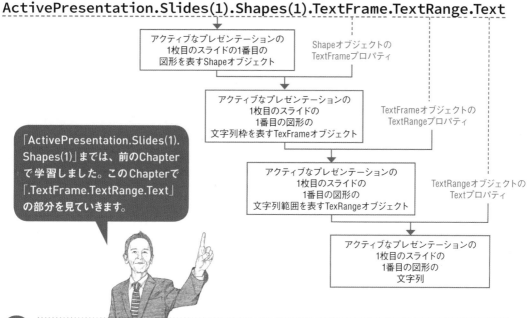

ActivePresentation.Slides(1).Shapes(1).TextFrame.TextRange.Text

アクティブなプレゼンテーションの
1枚目のスライドの1番目の
図形を表すShapeオブジェクト

Shapeオブジェクトの
TextFrameプロパティ

アクティブなプレゼンテーションの
1枚目のスライドの
1番目の図形の
文字列枠を表すTexFrameオブジェクト

TextFrameオブジェクトの
TextRangeプロパティ

「ActivePresentation.Slides(1).
Shapes(1)」までは、前のChapter
で学習しました。このChapterで
「.TextFrame.TextRange.Text」
の部分を見ていきます。

アクティブなプレゼンテーションの
1枚目のスライドの
1番目の図形の
文字列範囲を表すTexRangeオブジェクト

TextRangeオブジェクトの
Textプロパティ

アクティブなプレゼンテーションの
1枚目のスライドの
1番目の図形の
文字列

⊙ 文字列を取得・設定するオブジェクトの階層構造

PowerPointの文字列は必ず図形内に存在します。
最上位のApplicationオブジェクトからたどると、文
字列までは下図のような階層構造になっています。

▶ Applicationからたどったオブジェクトの階層

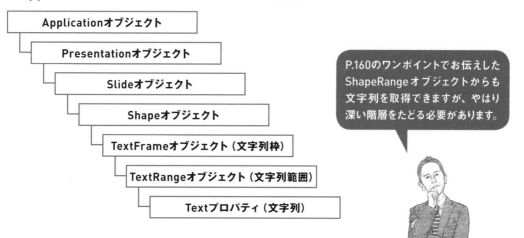

- **Application**オブジェクト
- **Presentation**オブジェクト
- **Slide**オブジェクト
- **Shape**オブジェクト
- **TextFrame**オブジェクト（文字列枠）
- **TextRange**オブジェクト（文字列範囲）
- **Text**プロパティ（文字列）

P.160のワンポイントでお伝えした
ShapeRange オブジェクトからも
文字列を取得できますが、やはり
深い階層をたどる必要があります。

文字列の取得に関係するサンプル内のコード

Lesson 06で実行した、「全タイトル文字列をイミディエイトウィンドウに出力する」マクロでは、「sld.Shapes.Title.TextFrame.TextRange.Text」が、タイトルプレースホルダーの文字列を取得しているコードに該当します。

グローバルメンバーのActivePresentationから続けて書くと、「ActivePresentation.Slides(1).Shapes.Title.TextFrame.TextRange.Text」と、さらに長いコードになります。

▶「全タイトル文字列をイミディエイトウィンドウに出力する」マクロ

```
Sub_全タイトル文字列をイミディエイトウィンドウに出力する()
____Dim_sld_As_Slide
____For_Each_sld_In_ActivePresentation.Slides
_____If_sld.Shapes.HasTitle_Then
_____Debug.Print__
_____sld.SlideNumber_&_vbTab_&__
_____sld.Shapes.Title.TextFrame.TextRange.Text
_____Else
(以後省略)
```

> Shapeオブジェクトの文字列を取得するコード

「.TextFrame」直前の「Shapes.Title」は、ShapesコレクションのTitleプロパティで、実行されるとタイトルプレースホルダーを表すShapeオブジェクトを返します。詳細はLesson 53で学習します。

👍 ワンポイント TextFrame2とTextRange2

Office 2007から、PowerPointに限らずMicrosoft Office全般で、文字列操作に使えるTextFrame2オブジェクトとTextRange2オブジェクトが導入されました。TextFrame2とTextRange2は、このChapterで学習するTextFrameとTextRangeよりも、優れている部分もあるオブジェクトです。

しかし、TextFrame2オブジェクトのTextRangeプロパティで取得できるのがTextRange2オブジェクトであるなど、プロパティと取得できるオブジェクトの名前が微妙に異なることなどから、学習の難易度が上がります。TextFrameとTextRangeオブジェクトについて理解できたと感じてから、オブジェクトブラウザーとローカルウィンドウを利用して、TextFrame2とTextRange2オブジェクトを探ってみることをおすすめします。

Lesson 45

[TextFrameオブジェクト]

TextFrameは文字列枠を表すオブジェクトです

このレッスンの
ポイント

文字列を取得・設定するオブジェクトは、TextFrameオブジェクトとTextRangeオブジェクトの、2段階の階層構造になっています。文字列を入れるための枠を表すTextFrameオブジェクトから見ていきましょう。

⊙ TextFrameは文字列を入れる枠を表すオブジェクト

TextFrameとは、文字列を入れるための枠を表すオブジェクトです。
PowerPointの［図形の書式設定］作業ウィンドウー

［文字のオプション］－［テキストボックス］で確認・設定できる項目が、TextFrameオブジェクトに用意されているプロパティに対応しています。

▶ TextFrameのプロパティとPowerPointの機能の対応

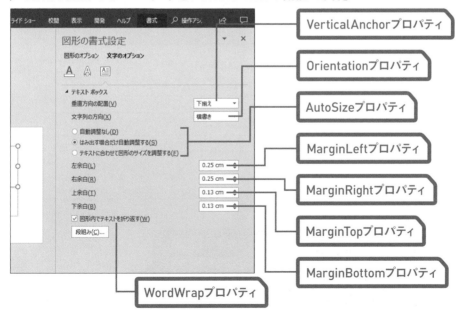

NEXT PAGE → | 225

→ TextFrameオブジェクトはTextFrameプロパティで取得

TextFrameオブジェクトは、Chapter 5で学習した Shapeオブジェクトや、P.160のワンポイントでお伝えしたShapeRangeオブジェクトが持つ、TextFrameプロパティで取得できます。

「ActivePresentation.Slides(1).Shapes(1).TextFrame」で、アクティブなプレゼンテーションの、先頭スライドの1つ目の図形の文字列枠を表すTextFrameオブジェクトを取得できます。

→ TextFrameのHasTextプロパティで文字列が存在するかを判定

図形内に実際に文字列が存在するかどうかは、TextFrameオブジェクトに用意されているHasTextプロパティで判定できます。

HasTextプロパティは、文字列が存在していれば msoTrue、存在していなければmsoFalseを返します。

▶ ActivePresentation.Slides(1).Shapes(1).TextFrame.HasTextの意味

```
ActivePresentation.Slides(1).Shapes(1).TextFrame.HasText
```

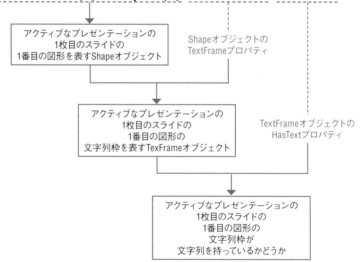

アクティブなプレゼンテーションの
1枚目のスライドの
1番目の図形を表すShapeオブジェクト

Shapeオブジェクトの
TextFrameプロパティ

アクティブなプレゼンテーションの
1枚目のスライドの
1番目の図形の
文字列枠を表すTexFrameオブジェクト

TextFrameオブジェクトの
HasTextプロパティ

アクティブなプレゼンテーションの
1枚目のスライドの
1番目の図形の
文字列枠が
文字列を持っているかどうか

HasTextに似た名前のHasTextFrameとの違いを意識しましょう。HasTextFrameプロパティはShapeオブジェクトに用意されており、文字列を含み得る図形か判定します（Lesson 41参照）。

○ TextFrame.HasTextを確認するSubプロシージャの実行

1 Subプロシージャを作成する   `Chapter_6.pptm`

TextFrameオブジェクトのHasTextプロパティを確認するSubプロシージャを作りましょう。

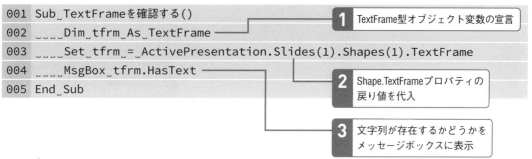

```
001 Sub_TextFrameを確認する()
002 ____Dim_tfrm_As_TextFrame
003 ____Set_tfrm_=_ActivePresentation.Slides(1).Shapes(1).TextFrame
004 ____MsgBox_tfrm.HasText
005 End_Sub
```

1 TextFrame型オブジェクト変数の宣言

2 Shape.TextFrameプロパティの戻り値を代入

3 文字列が存在するかどうかをメッセージボックスに表示

2 Subプロシージャを実行する

先頭スライドの図形に文字列を入力して実行します。

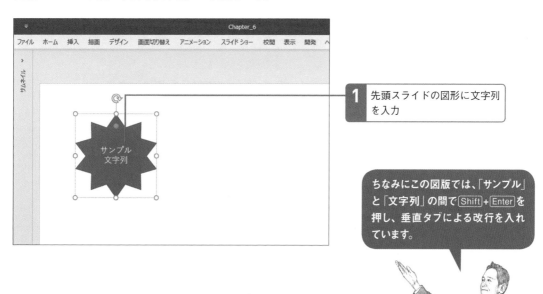

1 先頭スライドの図形に文字列を入力

> ちなみにこの図版では、「サンプル」と「文字列」の間で[Shift]+[Enter]を押し、垂直タブによる改行を入れています。

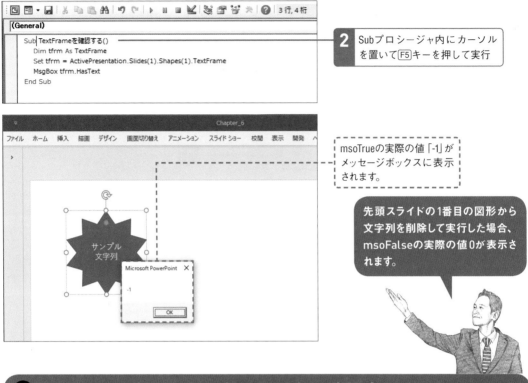

（General）

```vba
Sub TextFrameを確認する()
    Dim tfrm As TextFrame
    Set tfrm = ActivePresentation.Slides(1).Shapes(1).TextFrame
    MsgBox tfrm.HasText
End Sub
```

2 Subプロシージャ内にカーソルを置いて[F5]キーを押して実行

msoTrueの実際の値「-1」がメッセージボックスに表示されます。

先頭スライドの1番目の図形から文字列を削除して実行した場合、msoFalseの実際の値0が表示されます。

● TextFrameをローカルウィンドウで確認する

1 ローカルウィンドウを表示してステップ実行を開始する

先ほどのSubプロシージャをステップ実行して、TextFrameオブジェクトのデータをローカルウィンドウで確認しましょう。

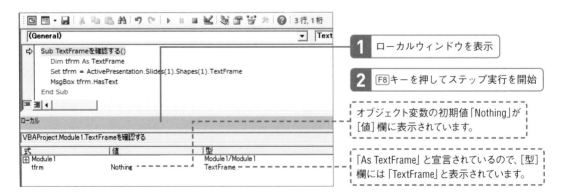

（General）

```vba
Sub TextFrameを確認する()
    Dim tfrm As TextFrame
    Set tfrm = ActivePresentation.Slides(1).Shapes(1).TextFrame
    MsgBox tfrm.HasText
End Sub
```

1 ローカルウィンドウを表示

2 [F8]キーを押してステップ実行を開始

オブジェクト変数の初期値「Nothing」が[値]欄に表示されています。

「As TextFrame」と宣言されているので、[型]欄には「TextFrame」と表示されています。

ローカル

VBAProject.Module1.TextFrameを確認する

式	値	型
⊞ Module1		Module1/Module1
tfrm	Nothing	TextFrame

2 ステップ実行を継続する

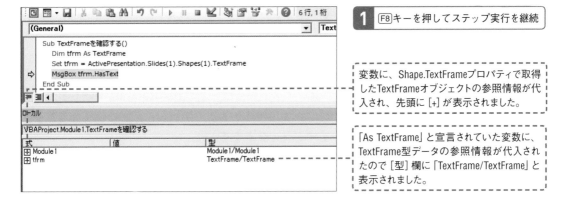

1 F8キーを押してステップ実行を継続

変数に、Shape.TextFrameプロパティで取得したTextFrameオブジェクトの参照情報が代入され、先頭に [+] が表示されました。

「As TextFrame」と宣言されていた変数に、TextFrame型データの参照情報が代入されたので [型] 欄に「TextFrame/TextFrame」と表示されました。

3 オブジェクト変数の中身を表示する

1 [+]をクリック

変数が展開され、中身が表示されました。

HasTextにmsoTrueが表示されています。

4 ステップ実行を終了する

確認ができたら、メニューの [実行] － [リセット] をクリックしてステップ実行を終了します。

Lesson
46

[TextRangeオブジェクト]
TextRangeは文字列範囲を表す
オブジェクトです

**このレッスンの
ポイント**

TextFrameとTextRangeの2段階の階層構造となっている、文字列を取得・設定するオブジェクトのもう一方、TextRangeについて学習しましょう。TextRangeは、前のLessonで学習した文字列枠に含まれる、文字列範囲を表すオブジェクトです。

⊙ TextRangeは文字列範囲を表すオブジェクト

前のLessonで学習したTextFrameオブジェクトが持つ、TextRangeプロパティで取得できるTextRangeオブジェクトは、文字列範囲を表すオブジェクトです。

「ActivePresentation.Slides(1).Shapes(1).

TextFrame.TextRange」で、アクティブなプレゼンテーションの、先頭スライドの1番目の図形に含まれる文字列範囲を表すTextRangeオブジェクトを取得できます。

▶ ActivePresentation.Slides(1).Shapes(1).TextFrame.TextRangeの意味

`ActivePresentation.Slides(1).Shapes(1).TextFrame.TextRange`

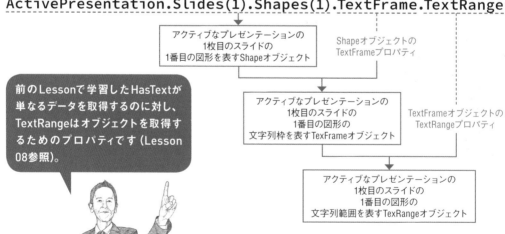

アクティブなプレゼンテーションの
1枚目のスライドの
1番目の図形を表すShapeオブジェクト

Shapeオブジェクトの
TextFrameプロパティ

前のLessonで学習したHasTextが単なるデータを取得するのに対し、TextRangeはオブジェクトを取得するためのプロパティです（Lesson 08参照）。

アクティブなプレゼンテーションの
1枚目のスライドの
1番目の図形の
文字列枠を表すTexFrameオブジェクト

TextFrameオブジェクトの
TextRangeプロパティ

アクティブなプレゼンテーションの
1枚目のスライドの
1番目の図形の
文字列範囲を表すTexRangeオブジェクト

⊕ 文字列範囲を操作するメソッドを持つ

TextRangeはオブジェクトですから、文字列範囲を操作するためのメソッドが用意されています。

▶ TextRangeオブジェクトのメソッド（抜粋）

メソッド	動作
Select	文字列の選択
Copy	文字列のコピー
Paste	文字列の貼り付け
Delete	文字列の削除
InsertBefore	文字列を前に挿入する
InsertAfter	文字列を後ろに挿入する
Find	文字列の検索
Replace	文字列の置換

PowerPoint上で行う文字列範囲に対する操作から、TextRangeオブジェクトが持つ該当するメソッドをイメージすると、TextRangeオブジェクトを理解しやすくなります。

⊕ 文字列範囲に関連するデータを取得するプロパティを持つ

TextRangeにはメソッドだけでなく、文字列範囲に関連するデータを取得するプロパティも用意されています。

書式を取得・設定するためのプロパティや、文字数や文字列を取得するためのプロパティです。

▶ TextRangeオブジェクトのプロパティ（抜粋）

プロパティ	取得できるデータ
Font	フォントを表すFontオブジェクト
ParagraphFormat	段落書式を表すParagraphFormatオブジェクト
Length	文字数
Text	文字列

このTextプロパティを使ったのが、Lesson 44で見た、文字列を取得するコードです。

● TextRangeを確認するSubプロシージャの実行

1 Subプロシージャを作成する   `Chapter_6.pptm`

TextRangeオブジェクトを選択し文字列をメッセージボックスに表示する、Subプロシージャを作りましょう。

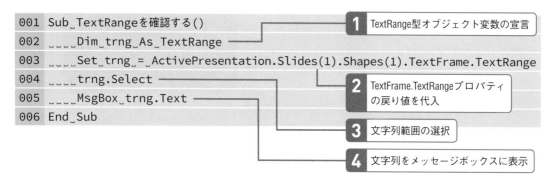

```
001  Sub_TextRangeを確認する()
002  ____Dim_trng_As_TextRange
003  ____Set_trng_=_ActivePresentation.Slides(1).Shapes(1).TextFrame.TextRange
004  ____trng.Select
005  ____MsgBox_trng.Text
006  End_Sub
```

1 TextRange型オブジェクト変数の宣言

2 TextFrame.TextRangeプロパティの戻り値を代入

3 文字列範囲の選択

4 文字列をメッセージボックスに表示

2 Subプロシージャを実行する

標準表示モードで先頭スライドをアクティブにし、図形に文字列が入力されている状態で実行します。

1 標準表示モードで先頭スライドを表示

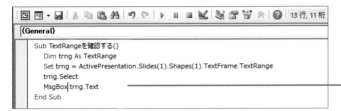

```
Sub TextRangeを確認する()
    Dim trng As TextRange
    Set trng = ActivePresentation.Slides(1).Shapes(1).TextFrame.TextRange
    trng.Select
    MsgBox trng.Text
End Sub
```

2 Subプロシージャ内にカーソルを置いて F5 キーを押して実行

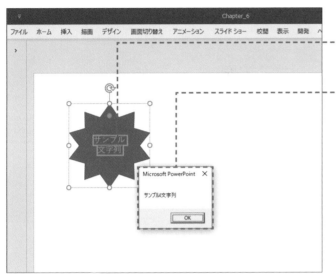

図形に入力されている文字列が選択されます。

図形に入力されている文字列がメッセージボックスに表示されます。

ちなみにこの例では、「サンプル」と「文字列」の間に、垂直タブによる改行が入っているため、メッセージボックスの「サンプル」と「文字列」の間に、よく見ると変な記号も表示されています。

👍 ワンポイント TextRangeはExcel VBAのCharactersの発展形

Excel VBAのCharactersオブジェクトをよくご存じの方は、Charactersオブジェクトの機能を拡張したオブジェクトが、PowerPoint VBAのTextRange オブジェクトと捉えると、理解しやすいかもしれません。

▶ Excel VBAのCharactersオブジェクトが持つメソッドとプロパティ（抜粋）

メソッド・プロパティ	取得できるデータ／実行される操作
Deleteメソッド	文字列の削除
Insertメソッド	文字列の挿入
Fontプロパティ	Fontオブジェクト
Countプロパティ	文字数
Textプロパティ	文字列

● TextRangeをローカルウィンドウで確認する

1 ローカルウィンドウを表示してステップ実行を開始する

先ほどのSubプロシージャをステップ実行して、　　ウで確認しましょう。
TextRangeオブジェクトのデータをローカルウィンド

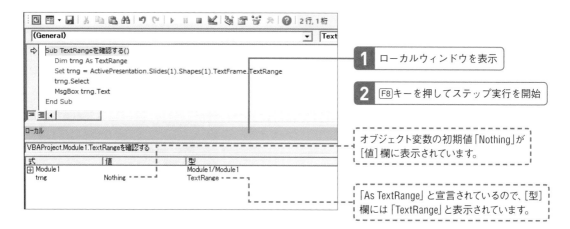

1 ローカルウィンドウを表示

2 F8キーを押してステップ実行を開始

オブジェクト変数の初期値「Nothing」が[値]欄に表示されています。

「As TextRange」と宣言されているので、[型]欄には「TextRange」と表示されています。

2 ステップ実行を継続する

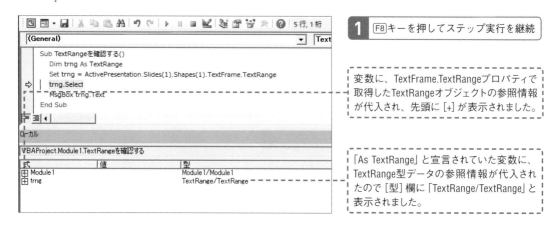

1 F8キーを押してステップ実行を継続

変数に、TextFrame.TextRangeプロパティで取得したTextRangeオブジェクトの参照情報が代入され、先頭に [+] が表示されました。

「As TextRange」と宣言されていた変数に、TextRange型データの参照情報が代入されたので [型] 欄に「TextRange/TextRange」と表示されました。

3 オブジェクト変数の中身を表示する

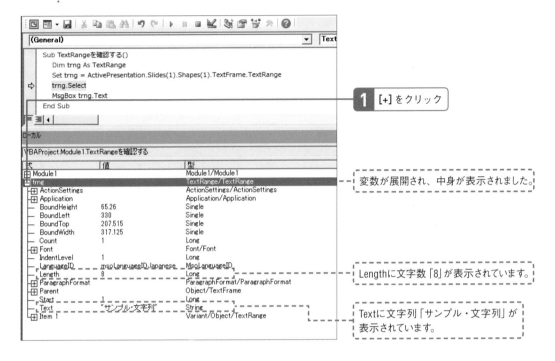

```
Sub TextRangeを確認する()
    Dim trng As TextRange
    Set trng = ActivePresentation.Slides(1).Shapes(1).TextFrame.TextRange
    trng.Select
    MsgBox trng.Text
End Sub
```

1 [+] をクリック

変数が展開され、中身が表示されました。

Lengthに文字数「8」が表示されています。

Textに文字列「サンプル・文字列」が表示されています。

この例では「サンプル」と「文字列」の間に垂直タブによる改行を入れているために、Lengthに「8」、Textに「サンプル・文字列」と表示されています。

4 ステップ実行を終了する

確認ができたら、メニューの［実行］－［リセット］をクリックしてステップ実行を終了します。

NEXT PAGE ➡

👍 ワンポイント フォントの設定はFontオブジェクトで

フォントを操作する場合は、TextRangeオブジェクトの子オブジェクトである、Fontオブジェクトを利用します。

［フォント］ダイアログボックスなどから操作できる項目を、Fontオブジェクトに用意されているプロパティで取得・設定できます。

▶ PowerPointの［フォント］ダイアログボックス

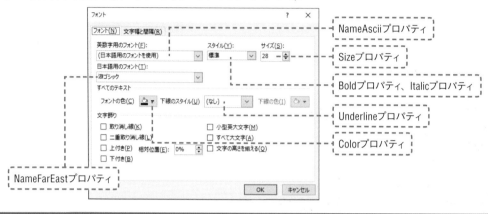

👍 ワンポイント 段落書式の設定はParagraphFormatオブジェクトで

段落書式を操作する場合は、TextRangeオブジェクトの子オブジェクトである、ParagraphFormatオブジェクトを利用します。
［段落］ダイアログボックスなどから操作できる

設定項目を、ParagraphFormatオブジェクトに用意されているプロパティで取得・設定できます（P.298のワンポイントで、Alignmentプロパティを設定するコードを紹介します）。

▶ PowerPointの［段落］ダイアログボックス

Lesson 47

[TextFrameとTextRangeの確認]

TextFrameとTextRangeをオブジェクトブラウザーで確認しましょう

このレッスンの
ポイント

ここまで学習してきたTextFrameとTextRangeを、オブジェクトブラウザーで確認しましょう。それぞれが持つプロパティやメソッドを見て、TextFrameとTextRangeが、どのようなオブジェクトなのかイメージして理解を深めてください。

⬤ Shape.TextFrameを確認する

1 コードウィンドウで「TextFrame」内にカーソルを置く

Chapter_6.pptm

Lesson 45で作成したSubプロシージャのコードを、オブジェクトブラウザーを使って読解していきましょう。

コードからオブジェクトブラウザーを表示して、Shapeオブジェクトが持つTextFrameプロパティから確認していきます。

```
(General)

Sub TextFrameを確認する()
    Dim tfrm As TextFrame
    Set tfrm = ActivePresentation.Slides(1).Shapes(1).TextFrame
    MsgBox tfrm.HasText
End Sub
```

1 コードウィンドウで「TextFrame」内にカーソルを置く

2 Shift + F2 キーを押す

▶ Lesson 45で作成したSubプロシージャ

001	Sub_TextFrameを確認する()
002	____Dim_tfrm_As_TextFrame
003	____Set_tfrm_=_ActivePresentation.Slides(1).Shapes(1).TextFrame ·········· Shape.TextFrameプロパティを使用
004	____MsgBox_tfrm.HasText ················ TextFame.HasTextプロパティを使用
005	End_Sub

2 Shape.TextFrameを確認する

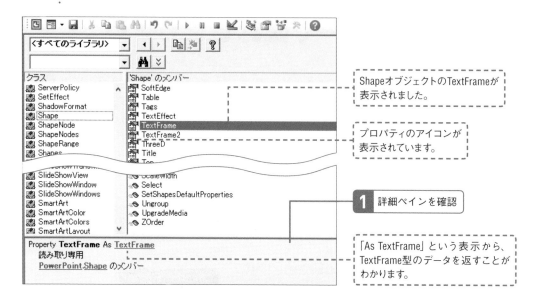

ShapeオブジェクトのTextFrameが表示されました。

プロパティのアイコンが表示されています。

1 詳細ペインを確認

「As TextFrame」という表示から、TextFrame型のデータを返すことがわかります。

「ActivePresentation.Slides(1).Shapes(1)」の部分は、Chapter 5までで確認済みです。もしも不安な場合は、Lesson 33までの実習をもう一度行ってください。

● TextFrameオブジェクトを確認する

1 TextFrameオブジェクトを表示する

続いて、ShapeオブジェクトのTextFrameプロパティ ： しましょう。
が返すTextFrameが、どのようなオブジェクトか確認

1 Asの後ろの「TextFrame」リンクをクリック

TextFrameオブジェクトが表示されました。

Lesson 45でお伝えしたとおり、ここに表示されるプロパティの多くが、PowerPointの[図形の書式設定]作業ウィンドウー[文字のオプション]－[テキストボックス]で確認・設定できる項目と対応していることを意識してください。

2 TextFrame.HasTextを確認する

図形内に実際に文字列が存在するかどうかを判定する、HasTextプロパティを確認しましょう。

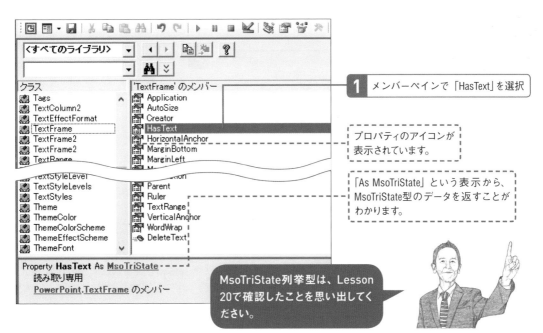

1 メンバーペインで「HasText」を選択

プロパティのアイコンが表示されています。

「As MsoTriState」という表示から、MsoTriState型のデータを返すことがわかります。

Property **HasText** As MsoTriState
読み取り専用
PowerPoint.TextFrame のメンバー

MsoTriState列挙型は、Lesson 20で確認したことを思い出してください。

● TextFrame.TextRangeを確認する

1 | TextFrame.TextRangeを確認する

Lesson 46で作成したSubプロシージャのコードも、
オブジェクトブラウザーを使って読解しましょう。

TextFrameオブジェクトが持つTextRangeプロパティ
の確認から操作を続けます。

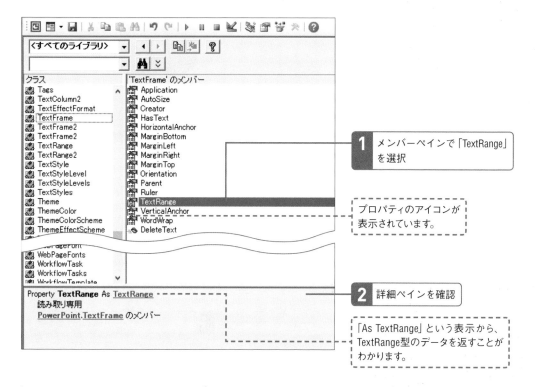

1 メンバーペインで「TextRange」
を選択

プロパティのアイコンが
表示されています。

2 詳細ペインを確認

「As TextRange」という表示から、
TextRange型のデータを返すことが
わかります。

▶ **Lesson 46で作成したSubプロシージャ**

001	Sub_TextRangeを確認する()
002	____Dim_trng_As_TextRange
003	____Set_trng_=_ActivePresentation.Slides(1).Shapes(1).TextFrame.TextRange ·········· TextFame.TextRangeプロパティを使用
004	____trng.Select
005	____MsgBox_trng.Text ······················· TextRange.Textプロパティを使用
006	End_Sub

● TextRangeオブジェクトを確認する

1　TextRangeオブジェクトを表示する

TextFrameオブジェクトのTextRangeプロパティが返すTextRangeが、どのようなオブジェクトか確認しましょう。

1 Asの後ろの「TextRange」リンクをクリック

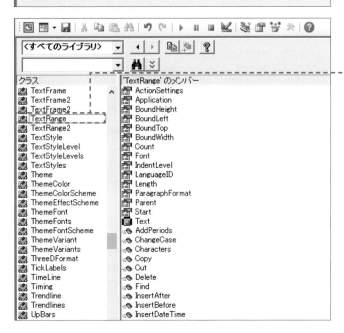

TextRangeオブジェクトが表示されました。

Lesson 46で、ご紹介しなかったTextRangeオブジェクトのプロパティとメソッドも、もちろん確認できます。

2 TextRange.Textを確認する

TextRangeオブジェクトの代表的なプロパティTextを確認します。

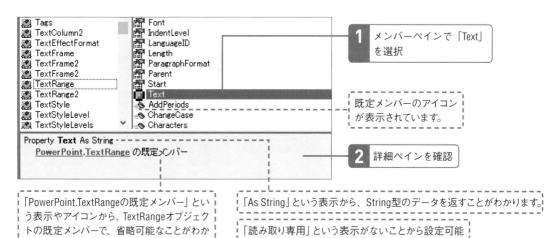

1 メンバーペインで「Text」 を選択

既定メンバーのアイコン が表示されています。

2 詳細ペインを確認

「PowerPoint.TextRangeの既定メンバー」とい う表示やアイコンから、TextRangeオブジェク トの既定メンバーで、省略可能なことがわか ります。

「As String」という表示から、String型のデータを返すことがわかります。

「読み取り専用」という表示がないことから設定可能 なことがわかります（P.50のワンポイント参照）。

👍 ワンポイント TextRangeオブジェクトの「.Text」の省略は要注意

TextプロパティはTextRangeオブジェクトの既定 メンバーですから、省略することも可能ですが、 省略せずに明記することをおすすめします。 わずかな書き方の違いで取得するデータが変わ ってしまうためです。 以下のようなコードの場合、代入文の右辺は同

じであるにも関わらず、キーワードSetがない 代入文では、TextRangeオブジェクトの既定メン バーTextプロパティの戻り値が格納されます。 Textプロパティを省略せず「var2 = .TextFrame. TextRange.Text」のように書くことをおすすめし ます。

変数var1にはTextRange オブジェクトが格納される

```
    Dim var1, var2
    With ActivePresentation.Slides(1).Shapes(1)
        Set var1 = .TextFrame.TextRange
        var2 = .TextFrame.TextRange
    End With
```

変数var2は、Setキーワードがないために、 単なるデータの代入と解釈され、 TextRangeオブジェクトの既定メンバーで あるTextプロパティの戻り値、すなわち文 字列データが格納される

Lesson 48

[全文字列の取得]

スライドの全文字列を出力する
マクロを作りましょう

このレッスンの
ポイント

ここまでの内容を総合すると、指定したスライドの全文字列の取得と出力ができます。For Each〜Next文でスライド上の全図形を順番に取得し、全文字列をイミディエイトウィンドウに出力するマクロを作りましょう。

→ ループの中で「.TextFrame.TextRange.Text」を取得する

Lesson 37で、アクティブなプレゼンテーションの先頭スライドの全図形に対し、ループ処理を行うSubプロシージャを作りました。

この処理の中で、各Shapeオブジェクトの「.TextFrame.TextRange.Text」を取得すれば、単純な図形だけが存在するスライドの全文字列を取得できます。

▶ 指定スライドの全文字列を出力する処理の流れ

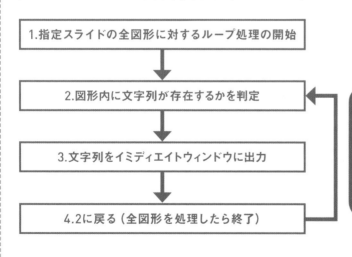

1.指定スライドの全図形に対するループ処理の開始

↓

2.図形内に文字列が存在するかを判定

↓

3.文字列をイミディエイトウィンドウに出力

↓

4.2に戻る（全図形を処理したら終了）

スマートアートやグループ化された図形など複雑な図形の場合、このLessonで作成するマクロだけでは文字列を取得できませんが、複雑な構造をした図形の例として、表の文字列操作についてChapter 8で学習します。

● 全文字列をイミディエイトウィンドウに出力するマクロの実行

1 Subプロシージャを作成する `Chapter_6.pptm`

先頭スライドの全図形に含まれる文字列を、イミデ ： りましょう。
ィエイトウィンドウに出力するSubプロシージャを作

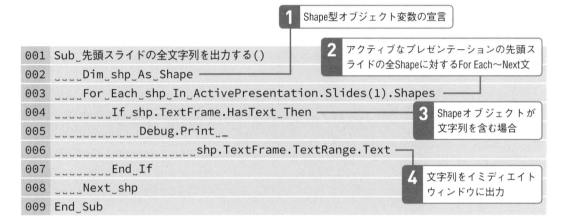

1 Shape型オブジェクト変数の宣言

2 アクティブなプレゼンテーションの先頭ス
ライドの全Shapeに対するFor Each～Next文

```
001  Sub_先頭スライドの全文字列を出力する()
002  ____Dim_shp_As_Shape
003  ____For_Each_shp_In_ActivePresentation.Slides(1).Shapes
004  _____If_shp.TextFrame.HasText_Then
005  _____Debug.Print__
006  _____shp.TextFrame.TextRange.Text
007  _____End_If
008  ____Next_shp
009  End_Sub
```

3 Shapeオブジェクトが
文字列を含む場合

4 文字列をイミディエイト
ウィンドウに出力

2 スライドを準備する

先頭スライドの全文字列が出力できることを確認するために、スライドを準備します。

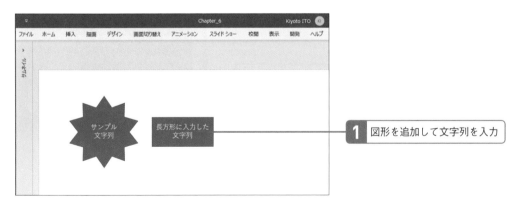

1 図形を追加して文字列を入力

3 Subプロシージャを実行する

イミディエイトウィンドウを表示して実行します。

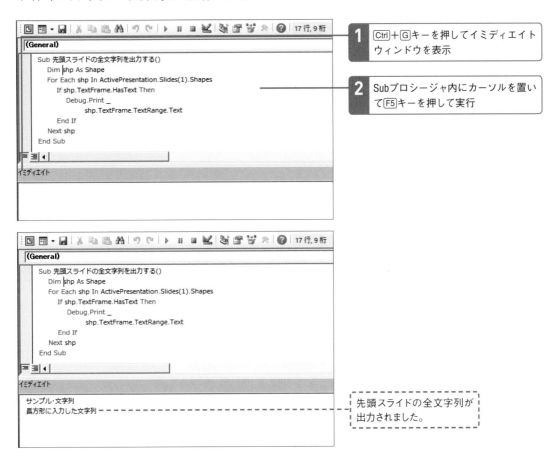

1 [Ctrl]+[G]キーを押してイミディエイト
ウィンドウを表示

2 Subプロシージャ内にカーソルを置い
て[F5]キーを押して実行

先頭スライドの全文字列が
出力されました。

P.123のワンポイントでお伝えしたコードを利
用して、For Each〜Next文の処理対象を
「ActiveWindow.Selection.SlideRange.
Shapes」とすれば、アクティブなスライドの全
文字列を取得できます。

👆 ワンポイント このChapterで学習した主な内容

スライド上の文字列は、Shapeオブジェクト → TextFrameオブジェクト → TextRangeオブジェクト → Textプロパティと階層をたどって取得・設定できる。

TextFrameは文字列枠を、TextRangeは文字列範囲を表すオブジェクトである。

Shapeオブジェクト
└─ **TextFrameプロパティ**

TextFrameオブジェクト
├─ **HasTextプロパティ**
└─ **TextRangeプロパティ**

TextRangeオブジェクト
└─ **Textプロパティ**

学習の初期段階では、文字列を取得・操作するにはコード「.TextFrame.TextRange.Text」を必ず書くと、暗記してしまうのも学習方略のひとつです。

Chapter

7

プレースホルダー
の操作を学ぼう

プレースホルダーも、図形の一種であることをChapter 5でお伝えしました。プレースホルダーを表すオブジェクトについて学習しましょう。

[Placeholdersコレクション]
全プレースホルダーを表す Placeholdersについて学習しましょう

このレッスンの
ポイント

Lesson 30でお伝えしたとおり、PowerPoint VBAにPlaceholderオブジェクトはありませんが、Placeholdersコレクションは存在します。スライド上の全プレースホルダーを表すPlaceholdersコレクションから見ていきましょう。

→ Placeholdersにはプレースホルダーを表すShapeのみ含まれる

スライド上のすべての操作対象がShapeオブジェクトであることを、Lesson 30でお伝えしました。
スライド上で、さまざまなコンテンツを入れる領域「プレースホルダー」も、Shapeオブジェクトです。
「Placeholder」という名前のオブジェクトは、PowerPoint VBAには存在しません。
Lesson 35で学習したTypeプロパティの返す値が、msoPlaceholder（実際の値は14）のShapeオブジェクトがプレースホルダーです。

ただし、Placeholdersコレクションは存在します。
Placeholdersコレクションは、プレースホルダーを表すShapeオブジェクトのみを単独のオブジェクトとして含むコレクションです。
Shapesコレクションには、スライド上の全図形（プレースホルダーも含む）が含まれるのに対し、Placeholdersコレクションにはプレースホルダーだけが含まれます（プレースホルダーでない図形は含まれません）。

▶ Shapesに含まれるShapeとPlaceholdersに含まれるShapeの違い

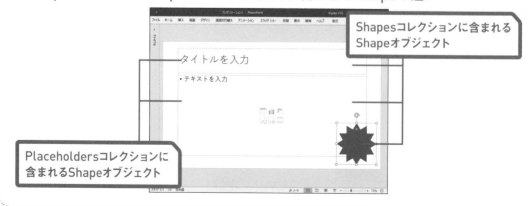

Shapesコレクションに含まれる
Shapeオブジェクト

Placeholdersコレクションに
含まれるShapeオブジェクト

Shapes.PlaceholdersでPlaceholdersコレクションを取得

Shapesコレクションに用意されているPlaceholders
プロパティを使うと、フッターなどを除いた1枚のス
ライド上の全プレースホルダーを表すPlaceholders
コレクションを取得できます（フッターなどの扱い
はP.262のワンポイント参照）。
「ActivePresentation.Slides(1).Shapes.Placeholders」

を実行すると、アクティブなプレゼンテーションの
先頭スライドの、プレースホルダーを表すShapeオ
ブジェクトだけを単独のオブジェクトとして含む、
Placeholdersコレクションを取得できます（プレー
スホルダーが存在しない場合でも、実行時エラー
は発生しません）。

▶ ActivePresentation.Slides(1).Shapes.Placeholdersの意味

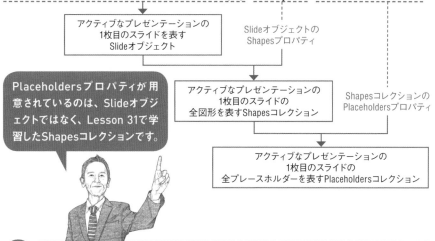

 # PlaceholdersもCountとItemを持つ

Placeholdersはコレクションですから、これまで学
習してきたPresentations（Lesson 17参照）、Slides
（Lesson 22参照）、Shapes（Lesson 31参照）と同
様に、CountプロパティとItemメソッドが用意されて
います。

「ActivePresentation.Slides(1).Shapes.Place
holders.Count」を実行すると、アクティブなプレゼ
ンテーションの先頭スライドのすべてのプレースホ
ルダーの数を取得できます。
Itemメソッドについては次のLessonで学習します。

NEXT PAGE →

● ShapesとPlaceholdersの違いをSubプロシージャで確認する

1 Subプロシージャを作成する　Chapter_7.pptm

簡単なSubプロシージャを作って、Shapesコレクションに含まれるShapeオブジェクトと、Placeholders

コレクションに含まれるShapeオブジェクトの違いを確認しましょう。

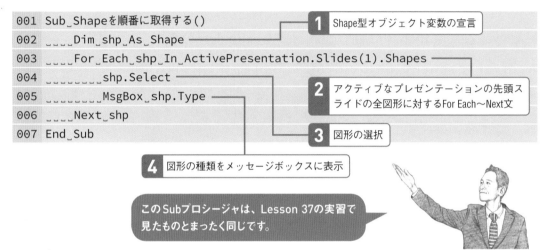

```
001  Sub_Shapeを順番に取得する()
002  ____Dim_shp_As_Shape
003  ____For_Each_shp_In_ActivePresentation.Slides(1).Shapes
004  _____shp.Select
005  _____MsgBox_shp.Type
006  ____Next_shp
007  End_Sub
```

1 Shape型オブジェクト変数の宣言

2 アクティブなプレゼンテーションの先頭スライドの全図形に対するFor Each〜Next文

3 図形の選択

4 図形の種類をメッセージボックスに表示

このSubプロシージャは、Lesson 37の実習で見たものとまったく同じです。

2 Subプロシージャを実行する

標準表示モードで先頭スライドをアクティブにし、プレースホルダーとプレースホルダーではない図形

が混在した状態で実行します。

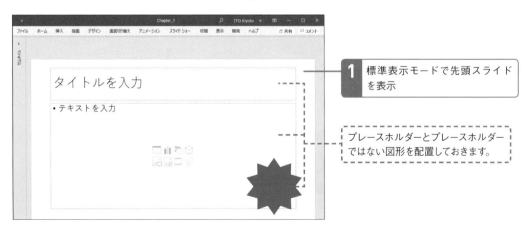

1 標準表示モードで先頭スライドを表示

プレースホルダーとプレースホルダーではない図形を配置しておきます。

Sub Shapeを順番に取得する()
Dim shp As Shape
For Each shp In ActivePresentation.Slides(1).Shapes
    shp.Select
    MsgBox shp.Type
Next shp
End Sub

1 Subプロシージャ内にカーソルを置いて F5 キーを押して実行

すべての図形が順番に選択され、種類を表す数値が表示されます。

タイトルを入力

Microsoft PowerPoint ×

14

OK

・テキ

Chapter 7　プレースホルダーの操作を学ぼう

3　Subプロシージャを編集する

プレースホルダーだけが処理対象となるように、コードを編集します。

```
001  Sub_Shapeを順番に取得する()
002  ____Dim_shp_As_Shape
003  ____For_Each_shp_In_ActivePresentation.Slides(1).Shapes.Placeholders
004  _____shp.Select
005  _____MsgBox_shp.Type
006  ____Next_shp
007  End_Sub
```

1 「.Placeholders」の追加

Shapesプロパティで取得したShapesコレクションにはプレースホルダーを含む全図形が含まれるのに対し、Placeholdersプロパティで取得したPlaceholdersコレクションにはプレースホルダーだけが含まれることを意識しましょう。

4　Subプロシージャを再実行する

Subプロシージャを編集したら、標準表示モードで先頭スライドを表示して再度実行し、プレースホルダーだけが順番に処理されることを確認します。

Lesson
50
[PlaceholdersコレクションのItemメソッド]
PlaceholdersからShapeを取得するコードを理解しましょう

このレッスンの
ポイント

> Placeholdersコレクションは、これまで学習してきたコレクションと同様、Itemメソッドを持っています。PlaceholdersコレクションのItemメソッドで、1つのプレースホルダーを表すShapeオブジェクトを取得できます。

→ PlaceholdersのItemでプレースホルダーを表すShapeを取得

Placeholdersには、これまで学習してきたPresentations、Slides・Shapesといったコレクションと同じように、単独のオブジェクトを取得するItemメソッドが用意されています。PlaceholdersコレクションのItemメソッドで、1つのプレースホルダーを表すShapeオブジェクトを取得できます。

「ActivePresentation.Slides(1).Shapes.Placeholders.Item(1)」を実行すると、アクティブなプレゼンテーションの先頭スライドの1つ目のプレースホルダーを表すShapeオブジェクトを取得できます（プレースホルダーが存在しない場合、実行時エラーが発生します）。

▶ ActivePresentation.Slides(1).Shapes.Placeholders.Item(1)の意味

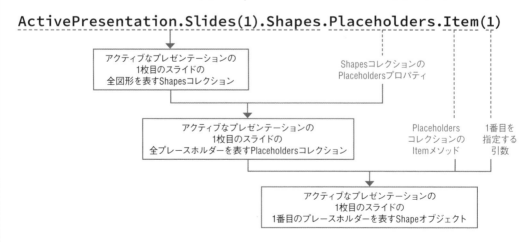

▶「.Shapes.Placeholders.Item(n)」で取得できるShapeオブジェクト

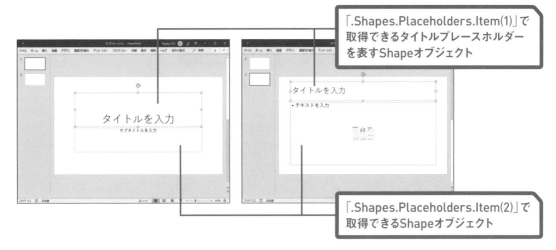

「.Shapes.Placeholders.Item(1)」で
取得できるタイトルプレースホルダー
を表すShapeオブジェクト

「.Shapes.Placeholders.Item(2)」で
取得できるShapeオブジェクト

タイトルプレースホルダーを表すShapeオブジェクトを取得する専用のプロパティTitleが、Shapesコレクションに用意されています。詳細はLesson 53で学習します。

→ ItemはPlaceholdersの既定メソッドのため省略できる

PlaceholdersのItemメソッドは、これまで学習してきたPresentationsのItem（Lesson 18参照）、SlidesのItem（Lesson 23参照）、ShapesのItem（Lesson 32参照）と同様、Placeholdeersコレクションの既定メンバーです。

ですから「.Shapes.Placeholders.Item(1)」というコードは「.Shapes.Placeholders(1)」と書くこともできます。

👍 ワンポイント　Shapes(1)とShapes.Placeholders(1)で取得できるShape

「.Shapes.Placeholders.Item(1)」や「.Shapes.Placeholders(1)」で取得できるShapeオブジェクトは、「.Shapes.Item(1)」や「.Shapes(1)」で取得できるShapeオブジェクトと通常は同じです。
ただしP.158のワンポイントでお伝えしたとおり、Shapeオブジェクトのインデックス番号は図形の重なり順によって変化しますので、最背面に図形を追加したり、前面や背面への移動などを行ったりした場合には、「.Shapes.Placeholders(1)」と「.Shapes(1)」で取得できるShapeオブジェクトは異なってきます。

● Placeholders.Itemを確認するSubプロシージャの実行

1 Subプロシージャを作成する `Chapter_7.pptm`

Placeholdersコレクションから、プレースホルダー
を表すShapeオブジェクトを取得するSubプロシー
ジャを作りましょう。

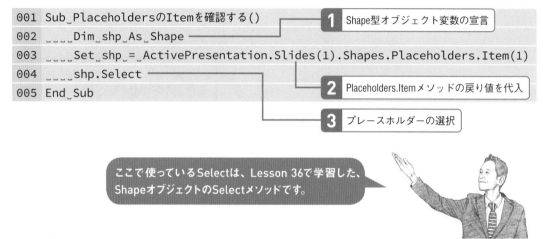

```
001 Sub_PlaceholdersのItemを確認する()
002 ____Dim_shp_As_Shape
003 ____Set_shp_=_ActivePresentation.Slides(1).Shapes.Placeholders.Item(1)
004 ____shp.Select
005 End_Sub
```

1 Shape型オブジェクト変数の宣言

2 Placeholders.Itemメソッドの戻り値を代入

3 プレースホルダーの選択

> ここで使っているSelectは、Lesson 36で学習した、
> ShapeオブジェクトのSelectメソッドです。

2 Subプロシージャを実行する

標準表示モードで、プレースホルダーの存在する先頭スライドをアクティブにして実行します。

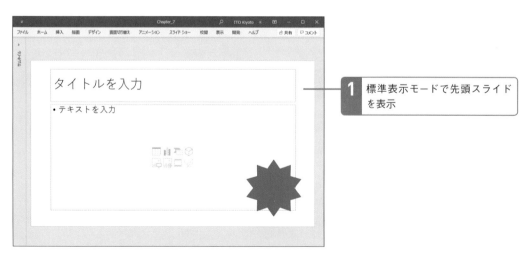

1 標準表示モードで先頭スライド
を表示

```
Sub PlaceholdersのItemを確認する()
    Dim shp As Shape
    Set shp = ActivePresentation.Slides(1).Shapes.Placeholders.Item(1)
    shp.Select
End Sub
```

2 Subプロシージャ内にカーソルを置いて F5 キーを押して実行

1つ目のプレースホルダー (タイトルプレースホルダー) が選択されました。

Itemメソッドの引数を「2」にした場合、2つ目のプレースホルダー(コンテンツプレースホルダー) が選択されることも確認しましょう。

● プレースホルダーを表すShapeをローカルウィンドウで確認する

1 ローカルウィンドウを表示してステップ実行を開始する

先ほどのSubプロシージャをステップ実行して、プレースホルダーを表すShapeを、ローカルウィンドウ　で確認しましょう。

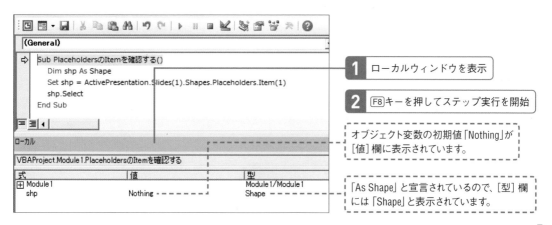

1 ローカルウィンドウを表示

2 F8 キーを押してステップ実行を開始

オブジェクト変数の初期値「Nothing」が [値] 欄に表示されています。

「As Shape」と宣言されているので、[型] 欄には「Shape」と表示されています。

NEXT PAGE ➜ 255

2 ステップ実行を継続する

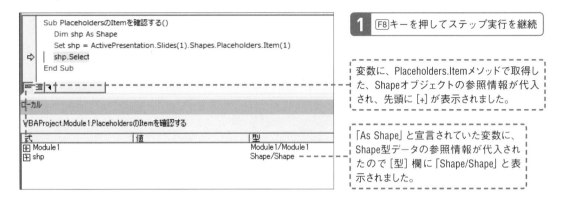

1 F8キーを押してステップ実行を継続

変数に、Placeholders.Itemメソッドで取得した、Shapeオブジェクトの参照情報が代入され、先頭に [+] が表示されました。

「As Shape」と宣言されていた変数に、Shape型データの参照情報が代入されたので [型] 欄に「Shape/Shape」と表示されました。

3 オブジェクト変数の中身を表示する

1 [+] をクリック

変数が展開され、中身が表示されました。

Typeプロパティ（Lesson 35参照）や、HasTextFrameプロパティ（Lesson 41参照）を確認しましょう。

4 ステップ実行を終了する

確認ができたら、メニューの［実行］－［リセット］をクリックしてステップ実行を終了します。

Lesson 51

[Placeholdersの確認]

Placeholdersをオブジェクトブラウザーで確認しましょう

このレッスンの
ポイント

Lesson 49〜50でお伝えしたPlaceholdersコレクションを、オブジェクトブラウザーで確認しましょう。Chapter 5で学習したShapesコレクションと、どこが似ていてどこが異なるか、強く意識してください。

● Shapes.Placeholdersを確認する

1 コードウィンドウで「Placeholders」内にカーソルを置く

Chapter_7.pptm

コードからオブジェクトブラウザーを表示して、Shapesコレクションが持つPlaceholdersプロパティを確認しましょう。

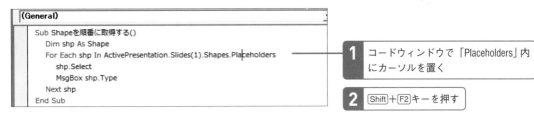

1 コードウィンドウで「Placeholders」内にカーソルを置く

2 Shift + F2 キーを押す

2 Shapes.Placeholdersを確認する

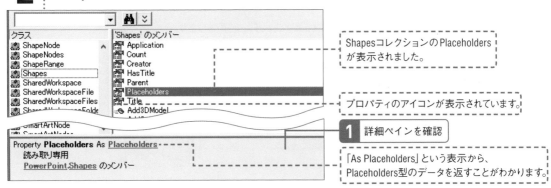

Shapesコレクションの Placeholders が表示されました。

プロパティのアイコンが表示されています。

1 詳細ペインを確認

「As Placeholders」という表示から、Placeholders型のデータを返すことがわかります。

● Placeholdersコレクションを確認する

1 Placeholdersオブジェクトを表示する

ShapesコレクションのPlaceholdersプロパティの返　ます。
すPlaceholdersが、どのようなオブジェクトか確認し

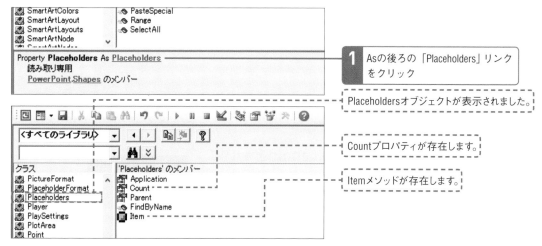

1 Asの後ろの「Placeholders」リンク
をクリック

Placeholdersオブジェクトが表示されました。

Countプロパティが存在します。

Itemメソッドが存在します。

CountプロパティとItemメソッドが存在することから、Placeholdersオブジェクトがコレクションであることを推測できます。

2 Placeholders.Countプロパティを確認する

Placeholdersコレクションに用意されているCountプロパティを確認します。

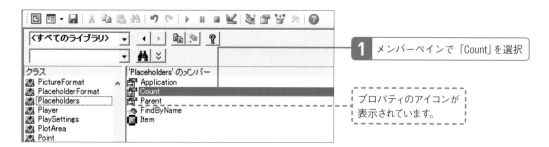

1 メンバーペインで「Count」を選択

プロパティのアイコンが
表示されています。

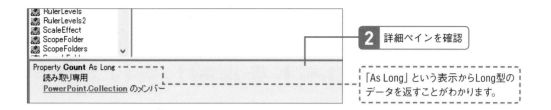

Property **Count** As Long
読み取り専用
PowerPoint.Collection のメンバー

2 詳細ペインを確認

「As Long」という表示からLong型の
データを返すことがわかります。

3 Placeholders.Itemメソッドを確認する

続いてItemメソッドを確認します。

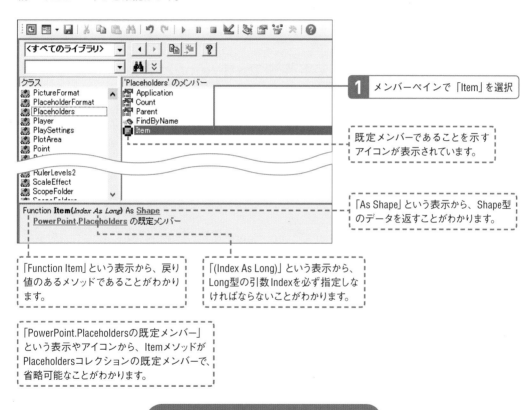

1 メンバーペインで「Item」を選択

既定メンバーであることを示す
アイコンが表示されています。

Function **Item**(*Index As Long*) As Shape
PowerPoint.Placeholders の既定メンバー

「As Shape」という表示から、Shape型
のデータを返すことがわかります。

「Function Item」という表示から、戻り
値のあるメソッドであることがわかり
ます。

「(Index As Long)」という表示から、
Long型の引数Indexを必ず指定しな
ければならないことがわかります。

「PowerPoint.Placeholdersの既定メンバー」
という表示やアイコンから、Itemメソッドが
Placeholdersコレクションの既定メンバーで、
省略可能なことがわかります。

Asの後ろの「Shape」リンクをクリックすれば、
Lesson 33の実習で確認したのと同じように、
Shapeオブジェクトが表示されます。

Lesson 52

[プレースホルダーの文字列]

プレースホルダーの文字列を
取得するコードを理解しましょう

このレッスンの
ポイント

プレースホルダーに入力されている文字列を取得する場合、ここまで
見てきたプレースホルダーを取得するコードに、Chapter 6で学習し
た文字列を取得するコード「.TextFrame.TextRange.Text」を組み合
わせます。

→ プレースホルダーの文字列もTextFrameとTextRangeで取得

ここまで学習してきたとおり、プレースホルダーは
Shapeオブジェクトです。
ですからプレースホルダーの文字列を取得したい場
合、プレースホルダーを表すShapeオブジェクトを
取得するコードに、Chapter 6で学習した文字列を
取得するコードを組み合わせます。

「ActivePresentation.Slides(1).Shapes.Place
holders(1).TextFrame.TextRange.Text」で、アクティ
ブなプレゼンテーションの先頭スライドの1番目の
プレースホルダーの文字列を取得できます（文字列
を入力できないタイプのプレースホルダーの場合、
実行時エラーが発生します）。

▶ ActivePresentation.Slides(1).Shapes.Placeholders(1).TextFrame.TextRange.Textの意味

ActivePresentation.Slides(1).Shapes.Placeholders(1).TextFrame.TextRange.Text

アクティブなプレゼンテーションの
1枚目のスライドの1番目の
プレースホルダーを表すShapeオブジェクト

Shapeオブジェクトの文字列を
取得するコード

アクティブなプレゼンテーションの
1枚目のスライドの
1番目のプレースホルダーの文字列

長いコードですが、Lesson 50で学習したコードに、Chaper 6で
学習した「.TextFrame.TextRange.Text」を組み合わせたコード
であることを意識しましょう。

→ HasTextFrameで文字列を入力できるプレースホルダーか判定

プレースホルダーにはさまざまなタイプがあります。画像や動画を入れるタイプのプレースホルダーの場合は文字列を入力できません。
文字列を入力できるプレースホルダーかどうかは、Lesson 41で学習した、ShapeオブジェクトのHasTextFrameプロパティで判定できます。

「ActivePresentation.Slides(1).Shapes.Placeholders(1).HasTextFrame」が実行されたとき、アクティブなプレゼンテーションの先頭スライドの1つ目のプレースホルダーが文字列を入力できる場合に、msoTrueが返されます。

▶ ActivePresentation.Slides(1).Shapes.Placeholders(1).HasTextFrameの意味

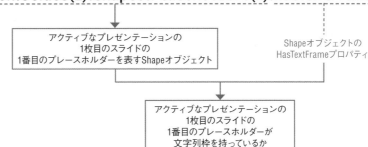

→ 特定スライドの全プレースホルダーの文字列を取得する考え方

Placeholdersはプレースホルダーだけを含むコレクションですから、Placeholdersコレクションに対するFor Each〜Next文などに、文字列を取得するコードを組み合わせれば、特定のスライド上のプレースホルダーに含まれる文字列だけを取得できます。

Lesson 48で作成したマクロでは、特定スライドの全文字列を取得しました。ループ処理の対象をプレースホルダーに限定することで、特定スライドのすべてのプレースホルダーに含まれる文字列を取得できます。

Lesson 48で作成したのと似たSubプロシージャを、実習ページで作成します。

NEXT PAGE →

● 全プレースホルダーの文字列を取得するマクロの実行

1 Subプロシージャを作成する　Chapter_7.pptm

先頭スライドの全プレースホルダーの文字列を取得　　シージャを作りましょう。
して、イミディエイトウィンドウに出力するSubプロ

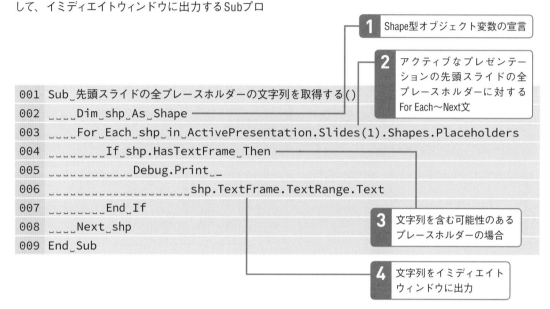

1 Shape型オブジェクト変数の宣言

2 アクティブなプレゼンテーションの先頭スライドの全プレースホルダーに対するFor Each〜Next文

```
001  Sub_先頭スライドの全プレースホルダーの文字列を取得する()
002  ____Dim_shp_As_Shape
003  ____For_Each_shp_in_ActivePresentation.Slides(1).Shapes.Placeholders
004  _____If_shp.HasTextFrame_Then
005  _____Debug.Print__
006  _____shp.TextFrame.TextRange.Text
007  _____End_If
008  ____Next_shp
009  End_Sub
```

3 文字列を含む可能性のあるプレースホルダーの場合

4 文字列をイミディエイトウィンドウに出力

👍 ワンポイント フッターなどはPlaceholdersコレクションに含まれない

PowerPointの［ヘッダーとフッター］ダイアログボックスから、［フッター］［スライド番号］［日付と時刻］を表示していた場合でも、上記のSubプロシージャでフッターなどの文字列まで出力されてしまうことはありません。

フッターなどを表すShapeオブジェクトもプレースホルダーの一種ですが、Placeholdersコレクションには含まれないためです（もちろん　Shapesコレクションには含まれます）。

フッターなどは、Placeholdersとは別の、HeadersFootersオブジェクトから操作できます。HeadersFootersオブジェクトは、本書で扱っているオブジェクトとは性質の異なるオブジェクトで、Lesson 54までの内容をおおむね理解できてからオブジェクトブラウザーなどを使って探ってみてください。

2 | Subプロシージャを実行する

先頭スライドのプレースホルダーに文字列を入力して、イミディエイトウィンドウを表示した状態で実行します。

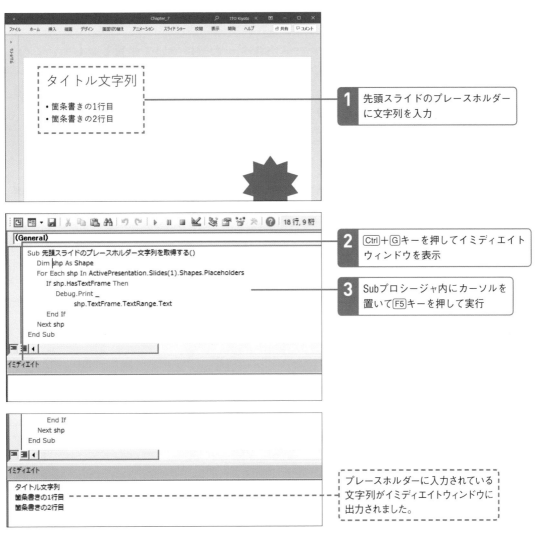

1 先頭スライドのプレースホルダーに文字列を入力

2 Ctrl + G キーを押してイミディエイトウィンドウを表示

3 Subプロシージャ内にカーソルを置いてF5キーを押して実行

```
Sub 先頭スライドのプレースホルダー文字列を取得する()
    Dim shp As Shape
    For Each shp In ActivePresentation.Slides(1).Shapes.Placeholders
        If shp.HasTextFrame Then
            Debug.Print _
                shp.TextFrame.TextRange.Text
        End If
    Next shp
End Sub
```

```
    End If
    Next shp
End Sub
```

イミディエイト
```
タイトル文字列
箇条書きの1行目
箇条書きの2行目
```

プレースホルダーに入力されている文字列がイミディエイトウィンドウに出力されました。

先頭スライドがどのようなレイアウトであっても、作成したSubプロシージャですべてのプレースホルダーの文字列を取得できることも、確認してください。

53
[Shapesコレクションの Title プロパティ]
タイトルプレースホルダーを 取得するコードを理解しましょう

このレッスンの
ポイント

ここまではプレースホルダー全般について学習しました。この Lessonでは、スライドのタイトルを入力するタイトルプレースホルダーを見ましょう。タイトルプレースホルダーを表すオブジェクトを取得する専用のプロパティも、Shapesに用意されています。

⊕ ShapesのTitleプロパティでタイトルプレースホルダーを取得

タイトルプレースホルダーを表すShapeオブジェクトは、Shapesコレクションに用意されているTitleプロパティでも取得できます。
「ActivePresentation.Slides(1).Shapes.Title」で、ア

クティブなプレゼンテーションの先頭スライドの、タイトルプレースホルダーを表すShapeオブジェクトを取得できます（タイトルプレースホルダーが存在しない場合は実行時エラーが発生します）。

▶「.Slides(n).Shapes.Title」で取得できるタイトルプレースホルダー

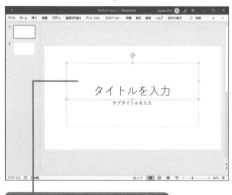

「.Slides(1).Shapes.Title」で
取得できるShapeオブジェクト

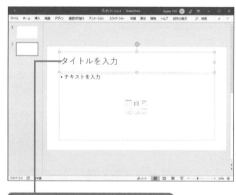

「.Slides(2).Shapes.Title」で
取得できるShapeオブジェクト

▶ ActivePresentation.Slides(1).Shapes.Titleの意味

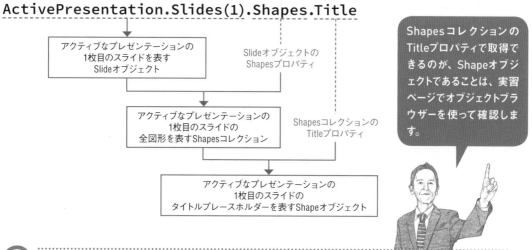

ShapesのHasTitleプロパティでタイトルが存在するかを判定

タイトルプレースホルダーが存在しない場合に Shapes.Titleを含んだコードが実行されると、実行時エラーが発生します。

これを回避するために、Shapesコレクションが持つHasTitleプロパティが使えます。

スライドにタイトルプレースホルダーが存在する場合に、HasTitleプロパティはmsoTrueを返します。

▶ ActivePresentation.Slides(1).Shapes.HasTitleの意味

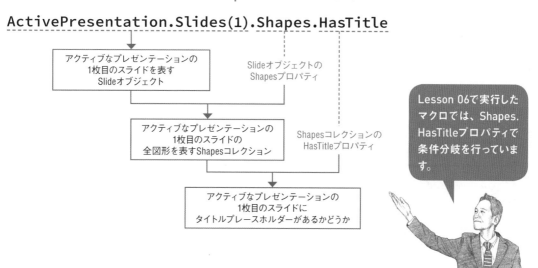

NEXT PAGE ➜ | 265

● Shapes.Titleを確認するSubプロシージャの実行

1 Subプロシージャを作成する　Chapter_7.pptm

タイトルプレースホルダーを選択するSubプロシージャを作りましょう。

```
001 Sub_ShapesのTitleを確認する()
002 ____Dim_shp_As_Shape
003 ____Set_shp_=_ActivePresentation.Slides(1).Shapes.Title
004 ____shp.Select
005 End_Sub
```

1 Shape型オブジェクト変数の宣言

2 Shapes.Titleプロパティの戻り値を代入

3 タイトルプレースホルダーの選択

2 Subプロシージャを実行する

標準表示モードで、タイトルプレースホルダーの存在する先頭スライドをアクティブにして実行します。

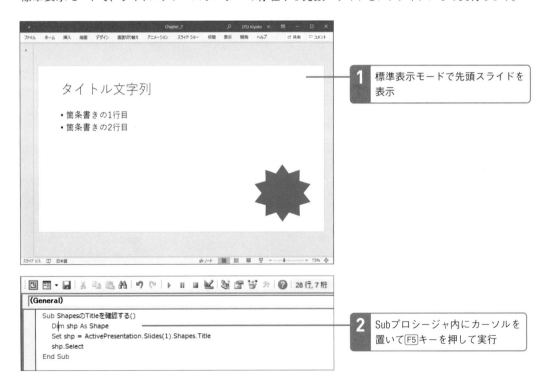

1 標準表示モードで先頭スライドを表示

2 Subプロシージャ内にカーソルを置いて F5 キーを押して実行

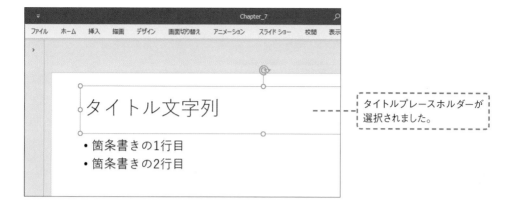

タイトルプレースホルダーが
選択されました。

先頭スライドがどのようなレイアウトであっても、
作成したSubプロシージャでタイトルプレースホ
ルダーを選択できることも確認してください。

○ Shapes.Titleをオブジェクトブラウザーで確認する

1 コードウィンドウで「Title」内にカーソルを置く

コードからオブジェクトブラウザーを表示して、　ましょう。
Shapesコレクションが持つTitleプロパティを確認し

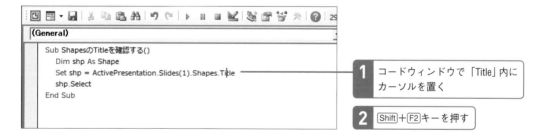

```
Sub ShapesのTitleを確認する()
    Dim shp As Shape
    Set shp = ActivePresentation.Slides(1).Shapes.Title
    shp.Select
End Sub
```

1 コードウィンドウで「Title」内に
カーソルを置く

2 Shift + F2 キーを押す

2 Shapes.Titleを確認する

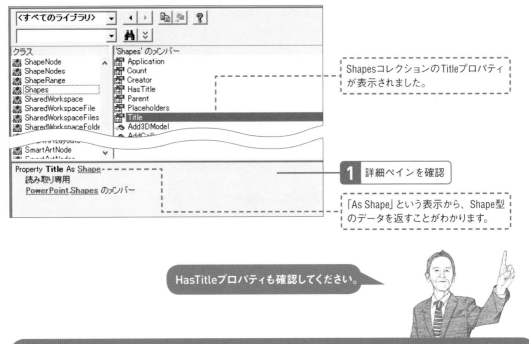

ShapesコレクションのTitleプロパティが表示されました。

1 詳細ペインを確認

「As Shape」という表示から、Shape型のデータを返すことがわかります。

HasTitleプロパティも確認してください。

● タイトル文字列を取得するSubプロシージャの実行

1 Subプロシージャを編集する

先ほど作成したSubプロシージャを編集して、タイトルプレースホルダーの文字列を取得しましょう。

```
001  Sub_ShapesのTitleを確認する()
002  ____Dim_shp_As_Shape
003  ____Set_shp_=_ActivePresentation.Slides(1).Shapes.Title
004  ____shp.Select
005  ____MsgBox_shp.TextFrame.TextRange.Text
006  End_Sub
```

1 タイトルプレースホルダーの文字列をメッセージボックスに表示

Point　タイトルプレースホルダーの文字列を取得する

ShapesコレクションのTitleプロパティで取得できるのもShapeオブジェクトです。ですから、Chapter 6で学習した文字列を取得するコードを組み合わせれば、各スライドのタイトル文字列を取得できます。

「ActivePresentation.Slides(1).Shapes.Title.TextFrame.TextRange.Text」というコードで、アクティブなプレゼンテーション先頭スライドの、タイトルプレースホルダーの文字列を取得できます。

2 ┃ Subプロシージャを実行する

標準表示モードで、タイトルプレースホルダーの存在する先頭スライドをアクティブにして実行します。

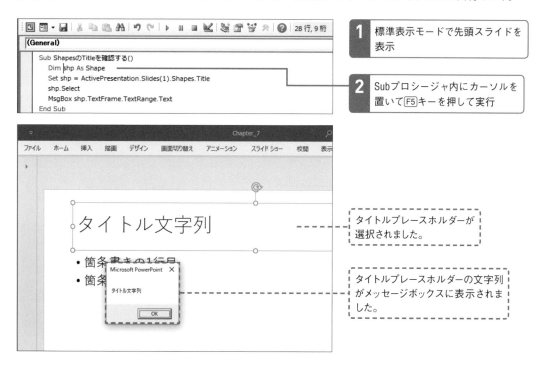

1 標準表示モードで先頭スライドを表示

```
Sub ShapesのTitleを確認する()
    Dim shp As Shape
    Set shp = ActivePresentation.Slides(1).Shapes.Title
    shp.Select
    MsgBox shp.TextFrame.TextRange.Text
End Sub
```

2 Subプロシージャ内にカーソルを置いて[F5]キーを押して実行

タイトルプレースホルダーが選択されました。

タイトルプレースホルダーの文字列がメッセージボックスに表示されました。

Lesson

54

［全タイトル文字列の取得］

全タイトルをイミディエイトウィンドウに出力するマクロを作りましょう

**このレッスンの
ポイント**

ここまで学習した内容を総合すると、Lesson 06で実行したマクロを作れます。アクティブなプレゼンテーションのタイトルプレースホルダーの文字列を取得して、イミディエイトウィンドウに出力するマクロを作ってみましょう。

⊙ 全タイトルプレースホルダーに含まれる文字列を出力する

Lesson 28で、全スライドに対するFor Each〜Next文を学習しました。このFor Each〜Next文の中で、タイトルプレースホルダーを表すShapeオブジェクト

の文字列を取得すれば、プレゼンテーションに含まれる全スライドの、タイトルプレースホルダーの文字列を出力できます。

▶ 全タイトル文字列を出力する処理の流れ

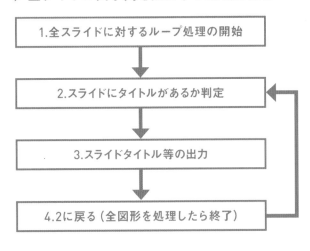

1. 全スライドに対するループ処理の開始

2. スライドにタイトルがあるか判定

3. スライドタイトル等の出力

4. 2に戻る（全図形を処理したら終了）

タイトルプレースホルダーの文字列の出力先を、このLessonではイミディエイトウィンドウに、次のLessonではExcelのワークシートにします。

● タイトルをイミディエイトウィンドウに出力するマクロの作成

1 Subプロシージャを作成する　Chapter_7_タイトル出力.pptm

全スライドのタイトル文字列をイミディエイトウィンドウに出力するSubプロシージャを作りましょう。

1 Slide型オブジェクト変数の宣言

```
001  Sub_全タイトル文字列をイミディエイトウィンドウに出力する()
002  ____Dim_sld_As_Slide
003  ____For_Each_sld_In_ActivePresentation.Slides
004  _____If_sld.Shapes.HasTitle_Then
005  _____Debug.Print__
006  _____sld.SlideNumber_&_vbTab_&__
007  _____sld.Shapes.Title.TextFrame.TextRange.Text
008  _____Else
009  _____Debug.Print__
010  _____sld.SlideNumber_&_vbTab_&__
011  _____"（タイトルプレースホルダーなし）"
012  _____End_If
013  ____Next_sld
014  End_Sub
```

2 全スライドに対するFor Each〜Next文

3 スライドにタイトルがあるときだけ処理するIf文

4 スライド番号とタイトル文字列をイミディエイトウィンドウに出力

5 タイトルプレースホルダーがない場合の処理

👍 ワンポイント いきなり完全な自動化を目指さなくてもいい

ここで作成したマクロは、決して高機能なものではありません。最終目的が、出力した文字列をExcelなどで利用することであれば、完全に自動化されたとはいえないでしょう。

しかし、各スライドタイトルを1つずつExcelにコピー＆ペーストする手間と、イミディエイトウィンドウに出力した全スライドタイトルをまとめてコピー＆ペーストする手間とを比べると、どちらが楽かはいうまでもありません。

次のLessonで学習するとおり、最終的なアウトプットにするためのマクロを作ろうとすると、

マクロ作成のハードルは上がります。イミディエイトウィンドウからExcelにまとめてコピー＆ペーストして、Excelの機能を利用した整形処理が多少残ったとしても、各スライドタイトルを1つずつコピー＆ペーストするよりは、作業全体の手間はかなり軽減されるはずです。

いきなり完全な自動化を目指さなくても、簡単なマクロで面倒な作業の一部を自動化するだけでも、十分価値があるといえるのではないでしょうか。

2 Subプロシージャを実行する

イミディエイトウィンドウを表示して実行します。

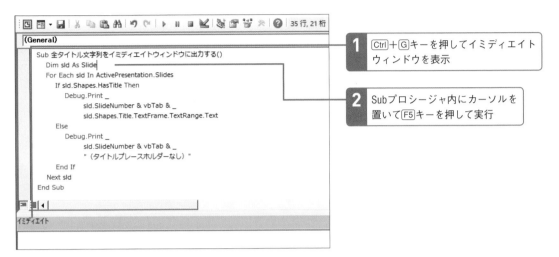

1 Ctrl + G キーを押してイミディエイト ウィンドウを表示

2 Subプロシージャ内にカーソルを 置いて F5 キーを押して実行

Lesson 07 以降繰り返し確認してきた、本書の総まとめといえるSubプロシージャです。もしも何を返すのかイメージできないプロパティが残っていた場合、確認し直してください。

全スライドのタイトルプレースホルダーの文字列がイミディエイトウィンドウに表示されました。

Lesson 55

［全タイトル文字列をExcelに出力］

全タイトルをExcelに出力する マクロを作りましょう

このレッスンの ポイント

前のLessonのマクロを発展させて、タイトル文字列をExcelに出力するマクロを作成しましょう。文字列を出力する先がExcelであるためコードは長くなりますが、基本的な考え方は前のLessonで作成したマクロと同じです。

→ タイトル文字列をExcelに出力する基本的な考え方

タイトル文字列をExcelに出力する場合も、基本的な考え方は前のLessonで作成したマクロと同じです。取得したShapeの文字列を出力する先が、イミディエイトウィンドウであるか、Excelのワークシートであるかの違いです。

Excelの起動やブックの作成などExcelに関係するコードと、PowerPointに関係するコードの両方が登場するので、どちらに対する処理なのかをしっかりと意識しましょう。

▶ タイトル文字列をExcelに出力するマクロの流れ

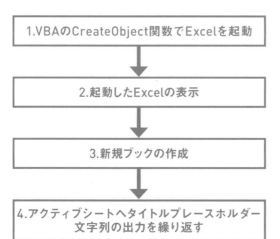

1.VBAのCreateObject関数でExcelを起動

↓

2.起動したExcelの表示

↓

3.新規ブックの作成

↓

4.アクティブシートへタイトルプレースホルダー 文字列の出力を繰り返す

4のタイトルプレースホルダー文字列の出力を繰り返す部分の基本的な考え方は、前のLessonで作成したマクロと同じです。

他のアプリケーションなどへの参照を設定するCreateObject関数

VBAで、他のアプリケーションなどの別ライブラリを操作できるようにする方法は、大きく2つに分類できます。VBEの[参照設定]ダイアログで設定する方法と、CreateObject関数を使う方法の2つです。CreateObject関数は、ライブラリごとに決められている文字列を引数に指定することで、他のアプリケーションなどを操作できるようになります。Excelを操作する場合は基本的には文字列「Excel.Application」を引数に指定します。

▶ **CreateObject関数の引数に指定できる文字列（抜粋）**

操作したいライブラリ	引数に指定する文字列
Excel	Excel.Application
Word	Word.Application
ADOのStreamオブジェクト	ADODB.Stream
FileSystemObjectオブジェクト	Scripting.FileSystemObject

 PowerPoint VBAでもエラー処理はExcel VBAと同じ

これから作成するタイトル文字列をExcelに出力するマクロは、PowerPoint VBAが関与し得ない外部ファイルへの出力ですから、エラー処理が必要です。何らかの理由でExcelが起動できない、PowerPointマクロを実行したパソコンにExcelがインストールされていないといった場合に、実行時エラーが発生してしまうためです。
PowerPoint VBAでも、エラー処理の基本的な考え方はExcel VBAの場合と同じです。
ここではOn Error GoTo文を使ったエラー処理を行います。

▶ **VBAのOn Error GoToエラー処理の基本構造**

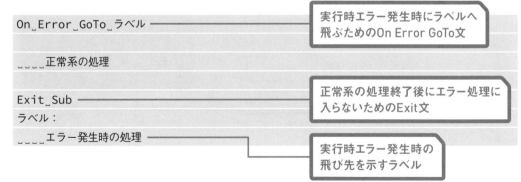

● 全タイトル文字列をExcelに出力するマクロの作成

1 Excelの起動などを行う部分を作成する　Chapter_7_タイトル出力.pptm

Excelの起動、表示、新規ブックの作成を行うコードだけを、まずは書きましょう。

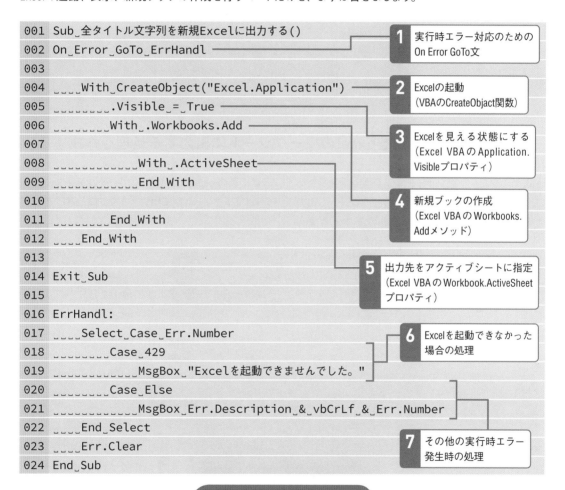

```
001 Sub_全タイトル文字列を新規Excelに出力する()
002 On_Error_GoTo_ErrHandl
003
004 ____With_CreateObject("Excel.Application")
005 _____.Visible_=_True
006 _____With_.Workbooks.Add
007
008 _____With_.ActiveSheet
009 _____End_With
010
011 _____End_With
012 ____End_With
013
014 Exit_Sub
015
016 ErrHandl:
017 ____Select_Case_Err.Number
018 _____Case_429
019 _____MsgBox_"Excelを起動できませんでした。"
020 _____Case_Else
021 _____MsgBox_Err.Description_&_vbCrLf_&_Err.Number
022 ____End_Select
023 ____Err.Clear
024 End_Sub
```

1 実行時エラー対応のための On Error GoTo文

2 Excelの起動（VBAのCreateObject関数）

3 Excelを見える状態にする（Excel VBA の Application.Visibleプロパティ）

4 新規ブックの作成（Excel VBA の Workbooks.Addメソッド）

5 出力先をアクティブシートに指定（Excel VBA の Workbook.ActiveSheetプロパティ）

6 Excelを起動できなかった場合の処理

7 その他の実行時エラー発生時の処理

上記のSubプロシージャには、まだPowerPointを操作するコードが一切書かれていないことを意識してください。

2 Subプロシージャをステップ実行する

ここでいったんステップ実行して、Excelが起動し新規ブックが開かれることを確認します。

3 タイトル文字列をExcelのワークシートに出力する処理を作成する

確認ができたら、アクティブなプレゼンテーションの全タイトル文字列を、Excelのワークシートに出力する処理を作成します。この部分の基本的な考え方は、前のLessonで作成したタイトル文字列をイミディエイトウィンドウに出力するマクロと同じです。

```
008          With .ActiveSheet
009              Dim sld As Slide                    1  Slide型オブジェクト変数の宣言
010              Dim i As Long                       2  出力先行番号を表す変数の宣言
011              For Each sld In ActivePresentation.Slides
012
013                  i = i + 1                        3  出力先行番号のインクリメント
014                  .Cells(i, "A").Value = sld.SlideNumber
015
                                                      4  A列にスライド番号を出力
016                  If sld.Shapes.HasTitle Then
017                      .Cells(i, "B").Value _
018                          = sld.Shapes.Title.TextFrame.TextRange.Text
019                  Else                             5  B列にタイトル文字列を出力
020                      .Cells(i, "B").Value _
021                          = " （タイトルプレースホルダーなし）"
022                  End If
                                                      6  タイトルプレースホルダーが
023                                                      存在しなかった場合の処理
024              Next sld
025          End With
```

4 Subプロシージャをステップ実行する

ステップ実行して、タイトル文字列がExcelに出力される様子を確認します。

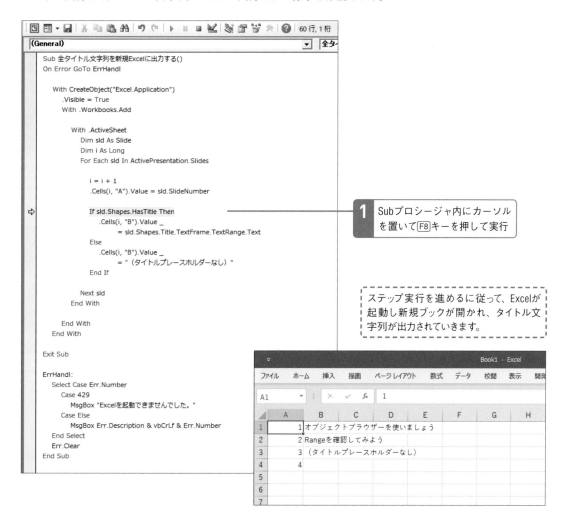

```
Sub 全タイトル文字列を新規Excelに出力する()
On Error GoTo ErrHandl

    With CreateObject("Excel.Application")
        .Visible = True
        With .Workbooks.Add

            With .ActiveSheet
                Dim sld As Slide
                Dim i As Long
                For Each sld In ActivePresentation.Slides

                    i = i + 1
                    .Cells(i, "A").Value = sld.SlideNumber

                    If sld.Shapes.HasTitle Then
                        .Cells(i, "B").Value _
                            = sld.Shapes.Title.TextFrame.TextRange.Text
                    Else
                        .Cells(i, "B").Value _
                            = "（タイトルプレースホルダーなし）"
                    End If

                Next sld
            End With

        End With
    End With

Exit Sub

ErrHandl:
    Select Case Err.Number
        Case 429
            MsgBox "Excelを起動できませんでした。"
        Case Else
            MsgBox Err.Description & vbCrLf & Err.Number
    End Select
    Err.Clear
End Sub
```

1 Subプロシージャ内にカーソルを置いて F8 キーを押して実行

ステップ実行を進めるに従って、Excelが起動し新規ブックが開かれ、タイトル文字列が出力されていきます。

P.276で作成した部分には、PowerPointを操作するコードと、Excelを操作するコードが混在していますから、どちらのコードなのか、ステップ実行しながら、強く意識しましょう。

👍 ワンポイント このChapterで学習した主な内容

Shapes.Placeholdersプロパティで、Placeholdersコレクションを取得できる。

Placeholdersコレクションに含まれる、単独のオブジェクトはShapeオブジェクトである（Placeholderオブジェクトは存在しない）。

Shapes.Titleプロパティで、タイトルプレースホルダーを表すShapeオブジェクトを取得でき、Shapes.HasTitleプロパティで、スライドにタイトルプレースホルダーが存在するかを判定できる。

Shapesコレクション
- **HasTitleプロパティ**
- **Placeholdersプロパティ**
- **Titleプロパティ**

Placeholdersコレクション
- **Countプロパティ**
- **Itemメソッド**

このChapterで本書のメインパートは終了です。特にLesson 54までの内容が、どのようなPowerPointマクロを作るときでも、おおむね知っておかなければならないPowerPoint VBAの基本です。

Chapter

8

表の操作
を学ぼう

本書の最後に、複雑な図形の例である表について学習しましょう。表を表すオブジェクトもShapeの中に存在し、表のセル内にさらにShapeが存在しています。

Lesson 56 [表の基本構造]

表の基本構造を学習しましょう

このレッスンの
ポイント

本書最後のこのChapterでは、TSV（Tab Separated Values）ファイルからPowerPointの表を生成するマクロを作ります。まずは表の基本構造を理解しましょう。表はShapeオブジェクトの中に存在し、表のセル内にさらにShapeオブジェクトが存在します。

→ 表はShapeの中に存在するTableオブジェクト

Lesson 30で、スライド上のすべての操作対象がShapeオブジェクトであるとお伝えしました。スライド上の表も、やはりShape内に存在します。

表全体を表すオブジェクトはTableオブジェクトで、Shapeオブジェクトが持つTableプロパティで取得することができます。

通常は「ActivePresentation.Slides(1).Shapes(2).Table」で、アクティブなプレゼンテーションの先頭スライドの2番目の図形内に存在する表を表すTableオブジェクトを取得できます。

▶ ActivePresentation.Slides(1).Shapes(2).Tableで取得できる表

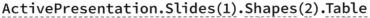

▶ ActivePresentation.Slides(1).Shapes(2).Tableの意味

ActivePresentation.Slides(1).Shapes(2).Table

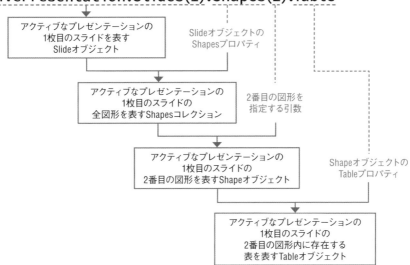

Shape内に表が存在するかどうかは、Lesson 41で学習したHasTableプロパティで判定できます。

👍 ワンポイント　表の存在する図形のインデックス番号が「2」ではない場合

P.158のワンポイントでお伝えしたとおり、Shapes.Itemメソッドに指定できるインデックス番号は、重なり順で変化します。ですからタイトルプレースホルダーが最前面へ移動されていたり、最背面に図形が追加されていたりするような場合には、表の存在する図形のインデック

ス番号が「2」ではなくなり、「ActivePresentation.Slides(1).Shapes(2).Table」でTableオブジェクトを取得できなくなります。

そのような場合、以下のようにループ処理を使うことでTableオブジェクトを取得できます。

```
    Dim tbl As Table, shp As Shape
    For Each shp In ActivePresentation.Slides(1).Shapes
        If shp.HasTable Then Set tbl = shp.Table
    Next shp
```

→ Tableのセル内にはさらにShapeオブジェクトが存在する

Shape内に存在するTableオブジェクトの中には、個々のセルを表すCellオブジェクトが存在し、セルを表すCellオブジェクトの中には、さらにShapeオブジェクトが存在します。

セル内の文字列は、このCell内のShapeから、Chapter 6で学習したTextFrame―TextRange―Textという階層をたどって取得・設定できます。

▶ Presentationから見た個々のセル内の文字列までの階層構造

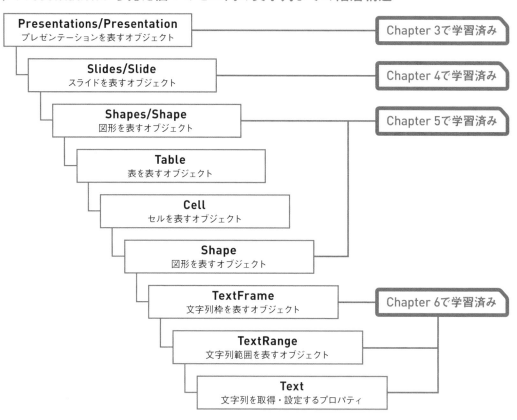

Presentations/Presentation プレゼンテーションを表すオブジェクト	Chapter 3で学習済み
Slides/Slide スライドを表すオブジェクト	Chapter 4で学習済み
Shapes/Shape 図形を表すオブジェクト	Chapter 5で学習済み
Table 表を表すオブジェクト	
Cell セルを表すオブジェクト	
Shape 図形を表すオブジェクト	
TextFrame 文字列枠を表すオブジェクト	Chapter 6で学習済み
TextRange 文字列範囲を表すオブジェクト	
Text 文字列を取得・設定するプロパティ	

非常に深い階層構造ですが、Chapter 6までで学習した階層構造に、TableオブジェクトとCellオブジェクトが組み合わさっているだけであることを意識してください。

セルを表すCellはTableのCellメソッドで取得できる

個々のセルを表すCellオブジェクトは、Tableオブジェクトに用意されているCellメソッド等で取得できます。「MsgBox ActivePresentation.Slides(1).Shapes(2).Table.Cell(1, 1).Shape.TextRange.Text」を実行すると、

アクティブなプレゼンテーションの、先頭スライドの2つ目の図形内に存在する表の、1行目1列目のデータがメッセージボックスに表示されます。

▶ ActivePresentation.Slides(1).Shapes(2).Table.Cell(1, 1).Shapeの意味

```
ActivePresentation.Slides(1).Shapes(2).Table.Cell(1, 1).Shape
```

アクティブなプレゼンテーションの
1枚目のスライドの
2番目の図形を表すShapeオブジェクト

Shapeオブジェクトの
Tableプロパティ

アクティブなプレゼンテーションの
1枚目のスライドの
2番目の図形内に存在する
表を表すTableオブジェクト

Tableオブジェクトの
Cellメソッド

1行目1列目を
指定する引数

アクティブなプレゼンテーションの
1枚目のスライドの
2番目の図形内に存在する表の
1行目1列目のセルを表す
Cellオブジェクト

Cellオブジェクトの
Shapeプロパティ

アクティブなプレゼンテーションの
1枚目のスライドの
2番目の図形内に存在する表の
1行目1列目のセルを表す
Cellオブジェクトに含まれる
図形を表すShapeオブジェクト

PowerPoint VBAで表のセルを表すCellオブジェクトは、ワークシート上のセルを表すExcel VBAのRangeオブジェクトとは、かなり性質が異なります。Excel VBAのRangeオブジェクトが持つプロパティやメソッドを、Cellオブジェクトも持っていると思い込まないでください。

行数はTable.Rows.Count、列数はTable.Columns.Countで取得

Tableオブジェクトに用意されているRowsプロパティを使うと、表のすべての行を表すRowsコレクションを取得でき、Rowsコレクションの持つCountプロパティで、表の行数を取得できます。

「MsgBox ActivePresentation.Slides(1).Shapes(2).Table.Rows.Count」を実行すると、アクティブなプレゼンテーションの、先頭スライドの2つ目の図形

内に存在する表の行数がメッセージボックスに表示されます。

同様に、Tableオブジェクトに用意されているColumnsプロパティで、表のすべての列を表すColumnsコレクションを取得でき、Columnsコレクションの持つCountプロパティで表の列数を取得できます。

▶ ActivePresentation.Slides(1).Shapes(2).Table.Rows.Countの意味

ActivePresentation.Slides(1).Shapes(2).Table.Rows.Count

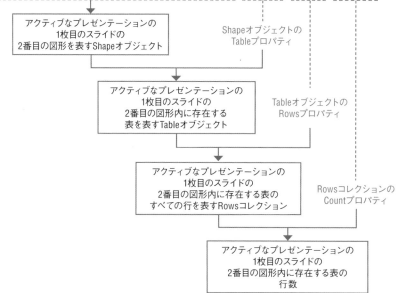

本書全体の復習もかねて、Shape.Tableプロパティ、Table.Cellメソッド、Cell.Shapeプロパティ、Table.Rowsプロパティ等を、オブジェクトブラウザーで確認してください。

● 表の基本構造を確認するSubプロシージャの実行

1 Subプロシージャを作成する　Chapter_8.pptm

表の基本構造を確認するSubプロシージャを作りましょう。

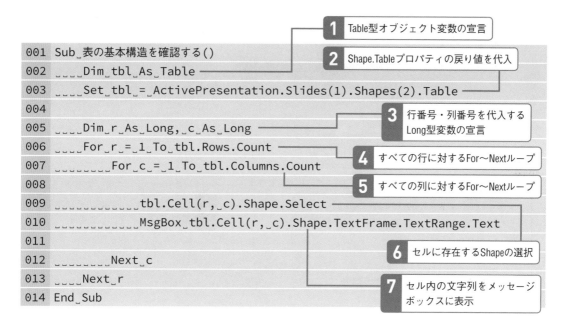

```
001  Sub_表の基本構造を確認する()
002  ____Dim_tbl_As_Table
003  ____Set_tbl_=_ActivePresentation.Slides(1).Shapes(2).Table
004
005  ____Dim_r_As_Long,_c_As_Long
006  ____For_r_=_1_To_tbl.Rows.Count
007  _____For_c_=_1_To_tbl.Columns.Count
008
009  _____tbl.Cell(r,_c).Shape.Select
010  _____MsgBox_tbl.Cell(r,_c).Shape.TextFrame.TextRange.Text
011
012  _____Next_c
013  ____Next_r
014  End_Sub
```

1 Table型オブジェクト変数の宣言

2 Shape.Tableプロパティの戻り値を代入

3 行番号・列番号を代入するLong型変数の宣言

4 すべての行に対するFor～Nextループ

5 すべての列に対するFor～Nextループ

6 セルに存在するShapeの選択

7 セル内の文字列をメッセージボックスに表示

> 階層が深く、2重のループになっているため、理解するのに時間がかかるかもしれません。その場合いったん実行してから、じっくりと意味を確認してください。

2 | Subプロシージャを実行する

標準表示モードで、2つ目の図形内に表が存在する先頭スライドをアクティブにして実行します。

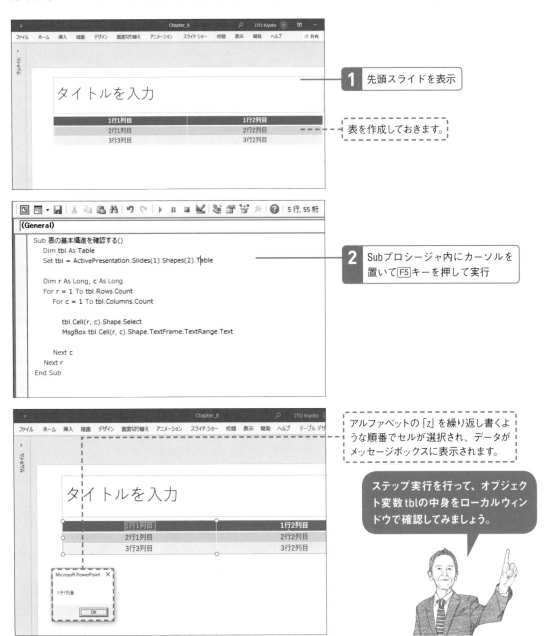

1 先頭スライドを表示

表を作成しておきます。

```
Sub 表の基本構造を確認する()
    Dim tbl As Table
    Set tbl = ActivePresentation.Slides(1).Shapes(2).Table

    Dim r As Long, c As Long
    For r = 1 To tbl.Rows.Count
        For c = 1 To tbl.Columns.Count

            tbl.Cell(r, c).Shape.Select
            MsgBox tbl.Cell(r, c).Shape.TextFrame.TextRange.Text

        Next c
    Next r
End Sub
```

2 Subプロシージャ内にカーソルを置いて F5 キーを押して実行

アルファベットの「z」を繰り返し書くような順番でセルが選択され、データがメッセージボックスに表示されます。

ステップ実行を行って、オブジェクト変数 tbl の中身をローカルウィンドウで確認してみましょう。

Lesson
57

[表の新規作成、行の追加]

表の新規作成と行の追加について 学習しましょう

このレッスンの
ポイント

TSVファイルから表を生成するためには、スライドに表を新規に作成したり、既存の表に行を追加したりするPowerPoint VBAのコードを理解しておく必要があります。表の新規作成と行の追加について学習しましょう。

→ Shapesコレクションの AddTable メソッドで表の新規作成

スライドに表を新規作成するには、Shapesコレクションに用意されているAddTableメソッドを利用します。Shapes.AddTableメソッドは、表の行数・列数を引数に指定します（位置や大きさを指定することもで

きます）。「ActivePresentation.Slides(1).Shapes.AddTable NumRows:=3, NumColumns:=2」を実行すると、アクティブなプレゼンテーションの先頭スライドに、3行×2列の表が挿入されます。

▶ ActivePresentation.Slides(1).Shapes.AddTable NumRows:=3, NumColumns:=2の意味

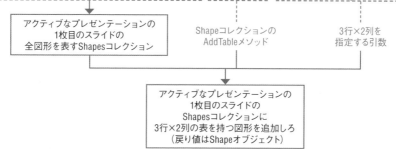

```
ActivePresentation.Slides(1).Shapes.AddTable  NumRows:=3, NumColumns:=2
```

アクティブなプレゼンテーションの
1枚目のスライドの
全図形を表すShapesコレクション

Shapeコレクションの
AddTableメソッド

3行×2列を
指定する引数

アクティブなプレゼンテーションの
1枚目のスライドの
Shapesコレクションに
3行×2列の表を持つ図形を追加しろ
（戻り値はShapeオブジェクト）

Shapes.AddTableは、Lesson 39・40で学習した
Shapes.AddShapeやShapes.AddPictureの、仲
間といえるメソッドです。

RowsコレクションのAddメソッドで既存の表へ行の追加

表に行を追加するには、Rowsコレクションに用意されているAddメソッドを利用します。

Rows.Addメソッドには、引数に行を追加する表内の位置を指定でき、省略した場合には表の一番下に行が追加されます。「ActivePresentation. Slides(1).Shapes(2).Table.Rows.Add」で、アクティ ブなプレゼンテーションの先頭スライドの2つ目の図形内に存在する表の一番下に行を追加できます。

同様に、表に列を追加するには、Columnsコレクションに用意されているAddメソッドを利用します。Columns.Addメソッドの引数は、Rows.Addと同様です。

> コレクションに単独のオブジェクトを追加するという意味で、Lesson 19で学習したPresentationsのAddメソッドや、Lesson 29で学習したSlidesのAddメソッドと、似ていることを意識しましょう。

▶ ActivePresentation.Slides(1).Shapes(2).Table.Rows.Addの意味

`ActivePresentation.Slides(1).Shapes(2).Table.Rows.Add`

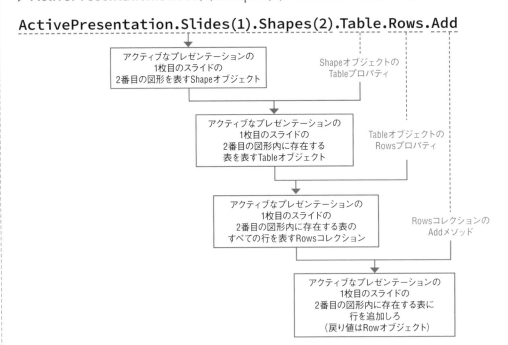

● Shapes.AddTableを確認するSubプロシージャの実行

1 Subプロシージャを作成する　`Chapter_8.pptm`

新規スライドに表を作成するSubプロシージャを作りましょう。

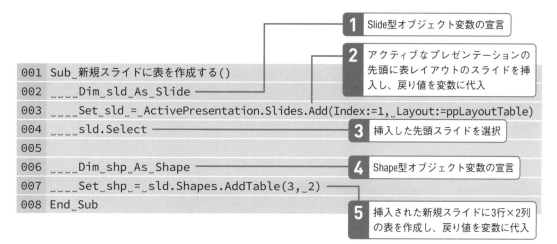

1	Slide型オブジェクト変数の宣言
2	アクティブなプレゼンテーションの先頭に表レイアウトのスライドを挿入し、戻り値を変数に代入

```
001  Sub_新規スライドに表を作成する()
002  ____Dim_sld_As_Slide
003  ____Set_sld_=_ActivePresentation.Slides.Add(Index:=1,_Layout:=ppLayoutTable)
004  ____sld.Select
005
006  ____Dim_shp_As_Shape
007  ____Set_shp_=_sld.Shapes.AddTable(3,_2)
008  End_Sub
```

3 挿入した先頭スライドを選択

4 Shape型オブジェクト変数の宣言

5 挿入された新規スライドに3行×2列の表を作成し、戻り値を変数に代入

> 表の挿入を行うだけならば、解説ページで見たように、Shapes.AddTableメソッドの引数をくくるカッコは不要ですが、ここではローカルウィンドウで確認するために戻り値を変数に代入しているためカッコが必要です。

2 Subプロシージャを実行する

作成したSubプロシージャを実行します。

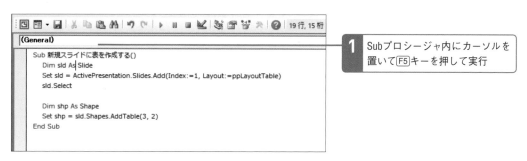

1 Subプロシージャ内にカーソルを置いて F5 キーを押して実行

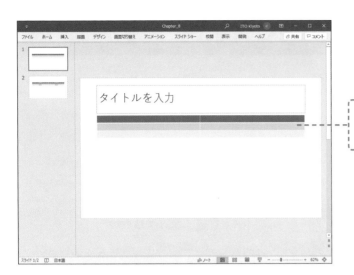

アクティブなプレゼンテーションの先頭にスライドが挿入され、3行×2列の表が作成されました。

ステップ実行を行い、ローカルウィンドウでオブジェクト変数shpを確認しましょう。またオブジェクトブラウザーでShapes.AddTableメソッドを確認してください。

● Rows.Addを確認するSubプロシージャの実行

1 Subプロシージャを作成する

表に行を追加するSubプロシージャを作りましょう。

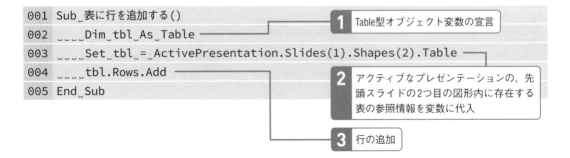

```
001  Sub 表に行を追加する()
002      Dim tbl As Table
003      Set tbl = ActivePresentation.Slides(1).Shapes(2).Table
004      tbl.Rows.Add
005  End Sub
```

1 Table型オブジェクト変数の宣言

2 アクティブなプレゼンテーションの、先頭スライドの2つ目の図形内に存在する表の参照情報を変数に代入

3 行の追加

2 | Subプロシージャを実行する

標準表示モードで、2つ目の図形内に表が存在する先頭スライドをアクティブにして、実行します。

```
(General)

Sub 表に行を追加する()
    Dim tbl As Table
    Set tbl = ActivePresentation.Slides(1).Shapes(2).Table
    tbl.Rows.Add
End Sub
```

1 Subプロシージャ内にカーソルを置いて F5 キーを押して実行

タイトルを入力

表に行が追加されました。

オブジェクトブラウザーで Rows.Add メソッドを確認してみてください。

Lesson 58

[TSVファイルからの表生成]

TSVファイルから表を生成する マクロを作りましょう

このレッスンの
ポイント

ここまでの学習を総合して、TSVファイルから表を生成するPower Pointマクロを作成しましょう。VBAのOpenステートメントでTSVファイルを開き、Do Until〜Loop文の中で、表への行追加とデータの書き込みを繰り返します。

➔ TSVファイルから表を生成する考え方

何らかのシステムから出力されたTSVファイルから、PowerPointの表を生成する考え方を確認しましょう。本書では、TSVファイルのデータを1行ずつ読み取り、PowerPointの表に行を追加し、TSV1行分のデータを表に出力する処理を繰り返します。

全データを2次元配列に格納して、必要な行・列数の表を挿入し、配列からデータを流し込むほうが、処理速度は上がるはずですが、本書はPowerPoint VBAのオブジェクト操作を理解することに主眼を置いているため、途中の状態を目で確認しやすい、データ1行ごとに表の行を追加してデータを書き込むという処理にします。

▶ マクロの動作イメージ

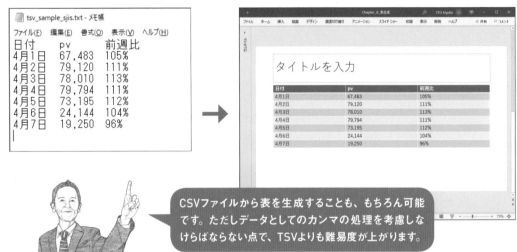

CSVファイルから表を生成することも、もちろん可能です。ただしデータとしてのカンマの処理を考慮しなけばならない点で、TSVよりも難易度が上がります。

⊙ テキストファイルのデータを読み込む方法

VBAで、TSVやCSVなどテキストファイルからデータを読み込む処理は、VBAの基本機能だけを使う方法と、何らかの追加ライブラリを利用する方法の大きく2つに分類できます。

本書では追加のライブラリを必要としない、VBAの基本機能であるOpenステートメントでテキストファイルを開き、Do Until~Loop文で1行ずつ順番に読み込むという方法を採用します。

▶ TSVファイルからデータを読み込む処理の流れ

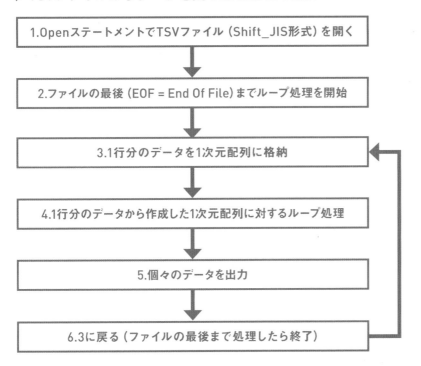

Chapter 8

表の操作を学ぼう

👍 ワンポイント テキストファイルの読み込み処理はExcel VBAと同じ

テキストファイルの読み込み処理は、Excel VBAと同じです。この後の実習で作成する「TSVのデータをイミディエイトウィンドウに出力する」マクロには、PowerPointに関わるコードは入っていませんから、Excel VBAでもこのまま実行できます。

本書はPowerPoint VBAのオブジェクトについて学習することを主な目的としているため、テキストの読み込みについて、詳細には解説していません。疑問がある場合はExcel VBAの書籍などを当たってください。

TSVのデータをイミディエイトウィンドウに出力するマクロの実行

1 TSVファイルを確認する

Chapter_8_表生成.pptm
C:¥temp¥tsv_sample_sjis.txt

ダウンロードした、tsv_sample_sjis.txtをCドライブ　トエディターで開いてみましょう。
のtempフォルダーにコピーし、メモ帳などのテキス

このTSVファイルのデータを、
PowerPointの表にするためのマクロをこれから作ります。
TSVファイルの中身を確認したら、
テキストエディターは閉じてください。

2 Subプロシージャを作成する

まずは、先ほど確認したTSVファイルのデータを読　Subプロシージャを作成し、処理の大きな流れを理
み取り、イミディエイトウィンドウに出力するだけの　解しましょう。

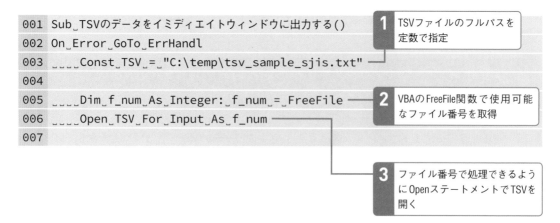

```
001 Sub_TSVのデータをイミディエイトウィンドウに出力する()
002 On_Error_GoTo_ErrHandl
003 ____Const_TSV_=_"C:\temp\tsv_sample_sjis.txt"
004
005 ____Dim_f_num_As_Integer:_f_num_=_FreeFile
006 ____Open_TSV_For_Input_As_f_num
007
```

1 TSVファイルのフルパスを定数で指定

2 VBAのFreeFile関数で使用可能なファイル番号を取得

3 ファイル番号で処理できるようにOpenステートメントでTSVを開く

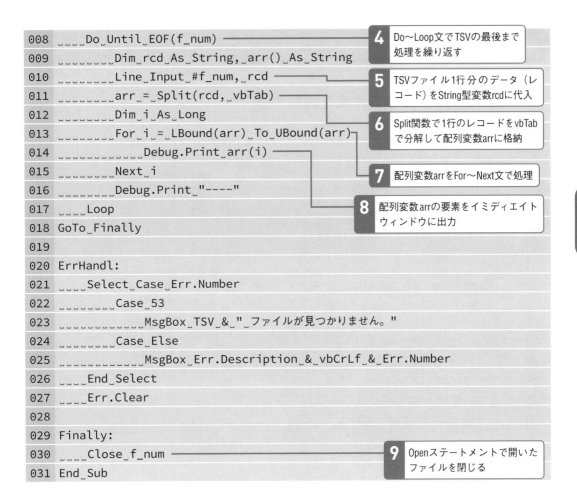

008	____Do_Until_EOF(f_num)	**4** Do~Loop文でTSVの最後まで 処理を繰り返す
009	_____Dim_rcd_As_String,_arr()_As_String	
010	_____Line_Input_#f_num,_rcd	**5** TSVファイル1行分のデータ（レ コード）をString型変数rcdに代入
011	_____arr_=_Split(rcd,_vbTab)	
012	_____Dim_i_As_Long	**6** Split関数で1行のレコードをvbTab で分解して配列変数arrに格納
013	_____For_i_=_LBound(arr)_To_UBound(arr)	
014	_____Debug.Print_arr(i)	**7** 配列変数arrをFor~Next文で処理
015	_____Next_i	
016	_____Debug.Print_"----"	**8** 配列変数arrの要素をイミディエイト ウィンドウに出力
017	____Loop	
018	GoTo_Finally	
019		
020	ErrHandl:	
021	____Select_Case_Err.Number	
022	_____Case_53	
023	_____MsgBox_TSV_&_"_ファイルが見つかりません。"	
024	_____Case_Else	
025	_____MsgBox_Err.Description_&_vbCrLf_&_Err.Number	
026	____End_Select	
027	____Err.Clear	
028		
029	Finally:	
030	____Close_f_num	**9** Openステートメントで開いた ファイルを閉じる
031	End_Sub	

3 Subプロシージャをステップ実行する

イミディエイトウィンドウを表示して F8 キーを押してステップ実行します。

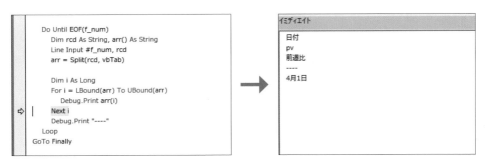

NEXT PAGE ➡

TSVデータから新規スライドに表を生成するマクロの作成

1 Subプロシージャの作成を開始する

処理の流れを確認できたら、新たなSubプロシージャを作成します。先ほど作成したSubプロシージャの中身を複製し、イミディエイトウィンドウへ出力している部分を削除します。

1 先ほど作成したSubプロシージャの中身をコピー＆貼り付け

```
001 Sub_TSVから表を生成する()
002 On_Error_GoTo_ErrHandl
003 ____Const_TSV_=_"C:\temp\tsv_sample_sjis.txt"
004
005 ____Dim_f_num_As_Integer:_f_num_=_FreeFile
006 ____Open_TSV_For_Input_As_f_num
007
008 ____Do_Until_EOF(f_num)
009 _____Dim_rcd_As_String,_arr()_As_String
010 _____Line_Input_#f_num,_rcd
011 _____arr_=_Split(rcd,_vbTab)
```

2 「Dim i As Long」から「Debug.Print "----"」の行までを削除

```
017 ____Loop
018 GoTo_Finally
019
020 ErrHandl:
021 ____Select_Case_Err.Number
022 _____Case_53
023 _____MsgBox_TSV_&_"_ファイルが見つかりません。"
024 _____Case_Else
025 _____MsgBox_Err.Description_&_vbCrLf_&_Err.Number
026 ____End_Select
027 ____Err.Clear
028
029 Finally:
030 ____Close_f_num
031 End_Sub
```

2 新規スライドに表を生成する処理を作成する

続いて、スライド挿入、表作成、行追加、データ書き込み部分を作成します。なお22行目のsld.Selectは、挙動を確認しやすくするために入れているので、実際の表生成処理では削除して構いません。

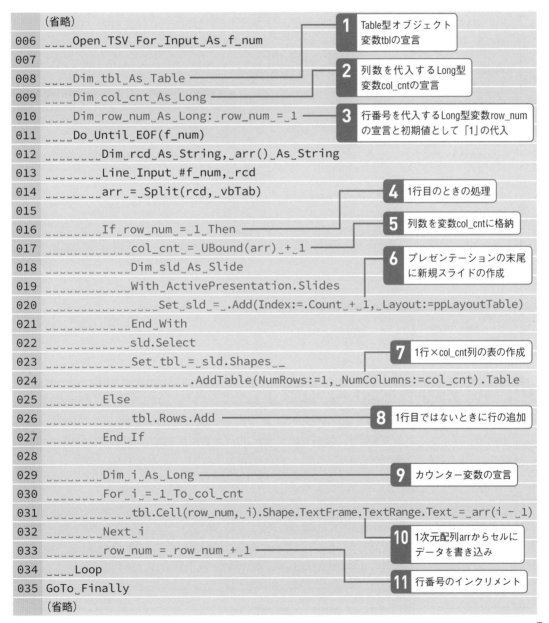

```
    （省略）
006 ____Open_TSV_For_Input_As_f_num
007
008 ____Dim_tbl_As_Table
009 ____Dim_col_cnt_As_Long
010 ____Dim_row_num_As_Long:_row_num_=_1
011 ____Do_Until_EOF(f_num)
012 _____Dim_rcd_As_String,_arr()_As_String
013 _____Line_Input_#f_num,_rcd
014 _____arr_=_Split(rcd,_vbTab)
015
016 _____If_row_num_=_1_Then
017 _____col_cnt_=_UBound(arr)_+_1
018 _____Dim_sld_As_Slide
019 _____With_ActivePresentation.Slides
020 _____Set_sld_=_.Add(Index:=.Count_+_1,_Layout:=ppLayoutTable)
021 _____End_With
022 _____sld.Select
023 _____Set_tbl_=_sld.Shapes__
024 _____.AddTable(NumRows:=1,_NumColumns:=col_cnt).Table
025 _____Else
026 _____tbl.Rows.Add
027 _____End_If
028
029 _____Dim_i_As_Long
030 _____For_i_=_1_To_col_cnt
031 _____tbl.Cell(row_num,_i).Shape.TextFrame.TextRange.Text_=_arr(i_-_1)
032 _____Next_i
033 _____row_num_=_row_num_+_1
034 ____Loop
035 GoTo_Finally
    （省略）
```

1 Table型オブジェクト変数tblの宣言

2 列数を代入するLong型変数col_cntの宣言

3 行番号を代入するLong型変数row_numの宣言と初期値として「1」の代入

4 1行目のときの処理

5 列数を変数col_cntに格納

6 プレゼンテーションの末尾に新規スライドの作成

7 1行×col_cnt列の表の作成

8 1行目ではないときに行の追加

9 カウンター変数の宣言

10 1次元配列arrからセルにデータを書き込み

11 行番号のインクリメント

NEXT PAGE →

3 Subプロシージャをステップ実行する

ステップ実行して、表が生成される様子を確認します。

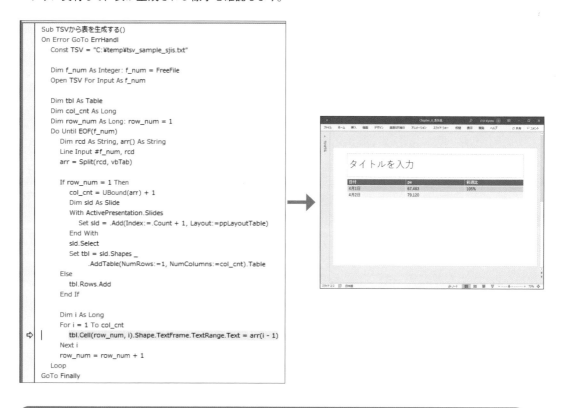

```
Sub TSVから表を生成する()
On Error GoTo ErrHandl
    Const TSV = "C:¥temp¥tsv_sample_sjis.txt"

    Dim f_num As Integer: f_num = FreeFile
    Open TSV For Input As f_num

    Dim tbl As Table
    Dim col_cnt As Long
    Dim row_num As Long: row_num = 1
    Do Until EOF(f_num)
        Dim rcd As String, arr() As String
        Line Input #f_num, rcd
        arr = Split(rcd, vbTab)

        If row_num = 1 Then
            col_cnt = UBound(arr) + 1
            Dim sld As Slide
            With ActivePresentation.Slides
                Set sld = .Add(Index:=.Count + 1, Layout:=ppLayoutTable)
            End With
            sld.Select
            Set tbl = sld.Shapes _
                .AddTable(NumRows:=1, NumColumns:=col_cnt).Table
        Else
            tbl.Rows.Add
        End If

        Dim i As Long
        For i = 1 To col_cnt
⇨ |         tbl.Cell(row_num, i).Shape.TextFrame.TextRange.Text = arr(i - 1)
        Next i
        row_num = row_num + 1
    Loop
GoTo Finally
```

ワンポイント セル内文字列の配置を変更したい場合

セル内文字列の配置を変更したい場合には、P.236のワンポイントでお伝えした、ParagraphFormatオブジェクトのAlignmentプロパティを利用します。

オブジェクト変数tblにTableオブジェクトが格納されているときに以下のコードを実行すると、表の2列目のセル内文字列がすべて右揃えになります。

```
    Dim i As Long
    For i = 1 To tbl.Rows.Count
        tbl.Cell(i, 2).Shape.TextFrame.TextRange _
            .ParagraphFormat.Alignment = ppAlignRight
    Next i
```

ワンポイント このChapterで学習した主な内容

表はShapeオブジェクトの中に存在するTableオブジェクトで操作できる。

表内の個々のセルはCellオブジェクトで操作でき、Cellオブジェクトの中にさらにShapeオブジェクトが存在する。

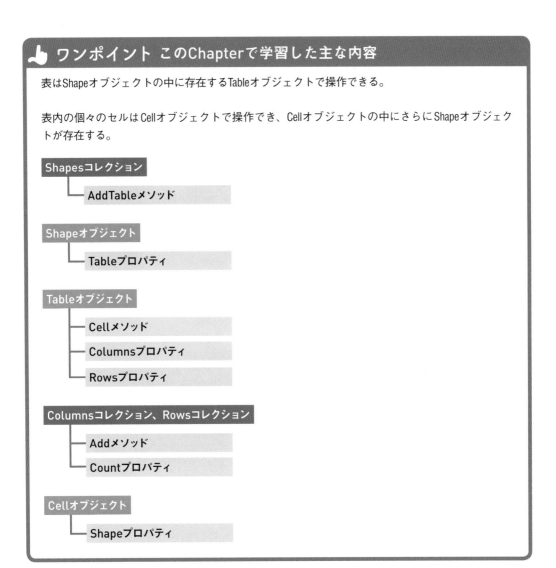

```
Shapesコレクション
    └─ AddTableメソッド

Shapeオブジェクト
    └─ Tableプロパティ

Tableオブジェクト
    ├─ Cellメソッド
    ├─ Columnsプロパティ
    └─ Rowsプロパティ

Columnsコレクション、Rowsコレクション
    ├─ Addメソッド
    └─ Countプロパティ

Cellオブジェクト
    └─ Shapeプロパティ
```

特に最後のマクロは難しいと感じた方がいるかもしれません。ただ、本書の実習を真剣に行っていただいたみなさんは、ヘルプなどを読む力もアップしているはずですから、疑問に感じた点をヘルプや書籍、Webなどで丁寧に調べてみてください。

本書の執筆や、本書のベースとなったVBA関連の　　せていただきました。
セミナーを作成する段階で、多くの文献を参考にさ

David Allen Pollock『VSTO: Using C# to Create PowerPoint Presentations』2013年
Guy Hart-Davis『Word 2007 Macros & VBA Made Easy』McGraw-Hill Education 2009年
Reed Jacobson『Microsoft Excel 2000/Visual Basic for Applications Fundamentals』Microsoft Press 1999年
Paul Lomax『VB & VBA in a Nutshell: The Language』O'Reilly Media 1998年
Microsoft Corporation『Microsoft Excel/Visual Basicプログラマーズガイドfor Windows95』アスキー 1996年
Microsoft Corporation『Microsoft Office97/Visual Basicプログラマーズガイド』アスキー 1997年
Microsoft Corporation『オートメーションプログラマーズリファレンス
　　　　　　　　　　　　～Active Xテクノロジを使用したアプリケーション開発技法』アスキー 1997年
Steven Roman『Writing Word Macros』O'Reilly Media 1999年
ダグラス・フィッシャー＆ナンシー・フレイ（訳）吉田新一郎『「学びの責任」は誰にあるのか』新評論 2017年
井上香緒里、できるシリーズ編集部『できるPowerPointパーフェクトブック困った！＆便利ワザ大全
　　　　　　　　　　　　　　　　　2016/2013/2010/2007対応』インプレス 2017年
井川はるき『Excel VBA裏ワザ大辞典 最新最強の144TIPS』インプレス 2004年
伊藤潔人『いちばんやさしいExcel VBAの教本 人気講師が教える実務に役立つマクロの始め方』インプレス 2018年
大野悟、アトラス出版企画『10日でおぼえるWord VBA入門教室 97/98/2000対応』翔泳社 1999年
きたみあきこ、できるシリーズ編集部『できる イラストで学ぶ 入社1年目からのExcel VBA』インプレス 2018年
国本温子、緑川吉行、できるシリーズ編集部『できる逆引き Excel VBAを極める勝ちワザ700
　　　　　　　　　　　　　　　　　2016/2013/2010/2007対応』インプレス 2016年
倉下忠憲『Scrapbox情報整理術』シーアンドアール研究所 2018年
栗山恵吉『Excel2002VBA 実戦プログラミングリファレンス』エーアイ出版 2001年
沢内晴彦『ExcelVBA 実戦のための技術』ソシム 2018年
進藤圭『いちばんやさしいRPAの教本 人気講師が教える現場のための業務自動化ノウハウ』インプレス 2018年
鈴木たかのり、降籏洋行、ビープラウド、平井孝幸『いちばんやさしいPython機械学習の教本
　　　　　　　　　　　　　　　人気講師が教える業務で役立つ実践ノウハウ』インプレス 2019年
高橋宣成『パーフェクトExcel VBA』技術評論社 2019年
土屋和人『記録機能ではじめるExcelマクロ&VBA学習術 2002/2000対応』ソシム 2002年
土屋和人『最速攻略Wordマクロ/VBA徹底入門』技術評論社 2013年
西上原裕明『作って簡単・超便利！ Wordのマクロ実践サンプル集
　　　　　　　　　　　　　　　［Word2010/2007/2003/2002対応]』技術評論社 2010年
古川順平『Excel VBA最強リファレンス』SBクリエイティブ 2014年
古川順平『できる 仕事がはかどる Excelマクロ 全部入り。』インプレス 2018年
山田祥寛『改訂新版 JavaScript本格入門～モダンスタイルによる基礎から現場での応用まで』技術評論社 2016年
結城浩『Java言語プログラミングレッスン 第3版 上 Java言語を始めよう』SBクリエイティブ 2012年
リブロワークス『スラスラ読める Excel VBA ふりがなプログラミング』インプレス 2018年
『VBA EXPRESS Vol.2』秀和システム 2003年
「t-hom's diary」https://thom.hateblo.jp/
「いつも隣にITのお仕事」https://tonari-it.com/
「初心者備忘録」https://www.ka-net.org/blog/

Chapter 8

表の操作を学ぼう

索引

本書のサンプルファイルの
ダウンロードについて

本書で使用しているサンプルファイルは、本書の
サポートページからダウンロードできます。サン
プルファイルは「yasashiippvba.zip」というファイ
ル名で、zip形式で圧縮されています。展開してか
らご利用ください。

○ 本書サポートページ

https://book.impress.co.jp/books/1119101071

1 上記URLを入力して
サポートページを表示します。

2 [ダウンロード]
をクリックします。

画面の表示にしたがってファイルを
ダウンロードしてください。

※Webページのデザインやレイアウトは
変更になる場合があります。

○ スタッフリスト

カバー・本文デザイン	米倉英弘（細山田デザイン事務所）
カバー・本文イラスト	東海林巨樹
撮影	蔭山一広（panorama house）
DTP	関口 忠
校正	聚珍社
デザイン制作室	今津幸弘
	鈴木 薫
編集	大津雄一郎（株式会社リブロワークス）
編集長	柳沼俊宏

■商品に関する問い合わせ先
インプレスブックスのお問い合わせフォームより入力してください。
https://book.impress.co.jp/info/
上記フォームがご利用頂けない場合のメールでの問い合わせ先
info@impress.co.jp
●本書の内容に関するご質問は、お問い合わせフォーム、メールまたは封書にて書名・ISBN・お名前・電話番号と該当するページや具体的な質問内容、お使いの動作環境などを明記のうえ、お問い合わせください。
●電話やFAX等でのご質問には対応しておりません。なお、本書の範囲を超える質問に関しましてはお答えできませんのでご了承ください。
●インプレスブックス（https://book.impress.co.jp/）では、本書を含めインプレスの出版物に関するサポート情報などを提供しておりますのでそちらもご覧ください。
●該当書籍の奥付に記載されている初版発行日から3年が経過した場合、もしくは該当書籍で紹介している製品やサービスについて提供会社によるサポートが終了した場合は、ご質問にお答えしかねる場合があります。

■落丁・乱丁本などの問い合わせ先
TEL 03-6837-5016　FAX 03-6837-5023
service@impress.co.jp
（受付時間／10:00-12:00、13:00-17:30 土日、祝祭日を除く）
●古書店で購入されたものについてはお取り替えできません。

■書店／販売店の窓口
株式会社インプレス 受注センター
TEL 048-449-8040
FAX 048-449-8041
株式会社インプレス 出版営業部
TEL 03-6837-4635

いちばんやさしい PowerPoint ＶＢＡ の教本

人気講師が教える資料作りに役立つパワポマクロの基本

2020年2月1日　初版発行

著　者　　伊藤潔人

発行人　　小川 亨

編集人　　高橋隆志

発行所　　株式会社インプレス

　　　　　〒101-0051　東京都千代田区神田神保町一丁目105番地

　　　　　ホームページ　https://book.impress.co.jp/

印刷所　　株式会社リーブルテック

ISBN 978-4-295-00827-9　C3055